U0189741

中国香事

燔柴事天，萧炳供祭，
蒸享苾芬，升香椒馨，
达神明、通幽隐，
其来久远矣。

李萌 主编

中国轻工业出版社

图书在版编目（CIP）数据

中国香事 / 李萌主编. —— 北京：中国轻工业出版
社, 2020.8

ISBN 978-7-5184-2591-4

Ⅰ. ①中… Ⅱ. ①李… Ⅲ. ①香料—文化—中国
Ⅳ. ①TQ65

中国版本图书馆CIP数据核字(2019)第167919号

责任编辑：刘忠波　郭挚英　　责任终审：张乃东　　装帧设计：水长流文化
策划编辑：刘忠波　　　　　　　责任校对：晋　洁　　责任监印：张京华

出版发行：中国轻工业出版社（北京东长安街 6 号，邮编：100740）
印　　刷：北京富诚彩色印刷有限公司
经　　销：各地新华书店
版　　次：2020年8月第1版第1次印刷
开　　本：787×1092　1/16　印张：15.5
字　　数：225千字
书　　号：ISBN 978-7-5184-2591-4　定价：168.00元
邮购电话：010–65241695
发行电话：010–85119835　传真：85113293
网　　址：http://www.chlip.com.cn
Email: club@chlip.com.cn
如发现图书残缺请与我社邮购联系调换
190381W2X101ZBW

《中国香事》

主　编
李　萌

编委委员
张　莹　付　洁

摄　影
张旭明

策　划
付　洁

主编简介

李　萌

中国国籍

香文化推广者

泓森道沉香创始人

国家级健康管理师

北京交通大学敦煌研究所香文化中心副主任

中央民族大学·宗教与哲学学院 香文化负责人

日本文化管理协会 理事

沉香

序
美好香生活

打开中国香事档案，香气盈满古今生活方方面面。古代中国上自皇家祭祀燃香、贵族穿衣熏香、百官上朝点香，下至文人赋诗咏香、百姓礼佛烧香、市井生活用香，香事活动俨然成为古人文明生活至关重要的组成部分。

中国香事发展和中国历史进程紧密相关。中国香事始于上古，初展于汉，兴盛于唐，广行于宋，渐微于明。

上古时期香的主要用途是祭祀，体现为燃烧香草、供香酒。甲骨文所载的"香"字有上下两部分。字体上半部其形似黍或麦，四周还有表示作物籽粒脱落的小点；字体下半部类似古时的食器，可以理解为容器中食物的香气。可见此时"香"字的本义是五谷的香气。

随着汉代丝绸之路的开辟，大量西域物品传入，异域香料随之进入中原地区。汉代香料主要被王公贵族等上层社会所享用，并将其应用到贵族生活中，用香风气在社会上层流行，酝酿出了中国香文化的雏形。

唐宋时期，中国香事发展达到顶峰。唐代经济繁荣、交通便利、社会富庶、国富民强，这种盛世局面为香文化的发展提供了良好的社会环境。唐代香料极为丰富，盛世局面也使唐人有能力消费名贵香料。香在饮食、薰衣被、配饰、沐浴、美容、医疗等唐代社会世俗生活方面都发挥了重要作用。唐人的菜肴美酒味美醇香、衣服被褥浓香飘远、家居庭院芳香扑鼻、美容用品芳香养生，香料作为药品的医方亦是不可胜举。尤其在盛唐阶段，香料成为上层社会用来比富、斗富的首选品。宗教生活方面，佛教在唐代进入鼎盛发展阶段，道教、祭祀借鉴了佛教用香仪式。寺观宗庙香烟袅袅，信徒在香雾霭霭的世界里与神明交感。这极大地推动了用香之风的传播。此外，士大夫对香的偏爱和高雅、精致的文化趣味推动了唐代用香由物质享受上升为精神享受。

宋代香药商品的盛行在很大程度上刺激了宋代商品经济的发展与市场的流通。随着香药贸易带来的可观财政收入，统治者对香药愈加重视，设

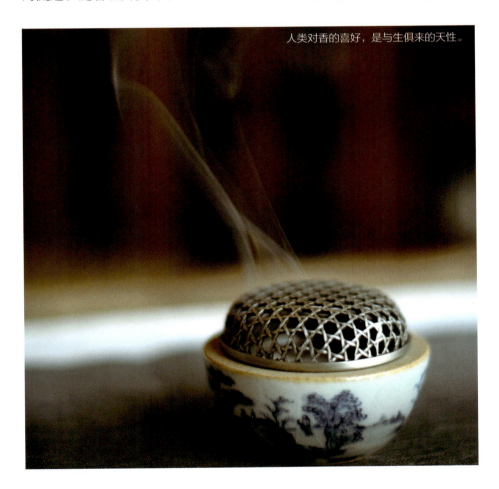

人类对香的喜好，是与生俱来的天性。

立了香贸专卖和经营机构。宋代商人和手工业者在对香药进行贩运、加工的时候，呈现出了较为广泛的分布特征，并且拥有非常灵活的经营方式，为人们的生活提供了多样化的社会服务。而宋代平民百姓生活水平的提高，为他们消费和使用香药提供了经济条件。

明代是继宋代之后又一域外香料朝贡的高峰期，对当时的国家政治、经济影响深远，意义重大。明代之后再无高峰。

中国特定的人文环境、生产生活方式和历史遭遇铸就了华夏文明特有的香文化。香文化几乎贯穿中国传统文化的方方面面，其内容涵盖饮食、医药、服饰、文学、艺术、建筑和哲学等领域。

香可以调息、通鼻、开窍、调和身心，妙用无穷。

我们将要讲述的香事文化源远流长，它的历史可以回溯至上古时期，而在今日，香的应用及香事文化也影响着人们的生活方式。

香事内容庞阔复杂，香文化内涵博大精深，仅凭一本书是难以穷尽的。我国用香历史由来已久，中国古代物态层面丰富多样的香产品及衍生品，制度层面关于用香的各种规范礼仪，精神层面关于香所蕴含的文化内涵及用香所包含的审美趣味、教化思想、价值观念等，共同构成了我国独特的香文化。文化指生活的整个方式，很难加以彻底地描述。香文化的成分那么多，也不可尽数，否则有见树不见林之虑。故在书中我们尝试从香事的物态及精神两个层面来表述中国香事文化。从香的实用角度出发，以用香目的和需求为首要关注，讲述古今香事的发展脉络及实用功能。

我们即将开始一段飘香之旅，跟随超越时空的经典故事，溯香源、习香用、探香路。如果你现在刚刚对中国香事产生些许兴趣，希望知晓中国香事包含哪些内容或者可以从哪些方面着手了解中国香事，本书为这样的读者提供了关于中国香事的统观目录。书中梳理了中国香事发展历程中所涉及的重要时期、香事的器用及文化价值等内容体系，为想要了解中国香事文化却又不知从何下手的读者展现中国香事概貌，为读者进行深入了解提供索引。

目录

第 二 章　述香用

第 三 章　品香韵

第 四 章　鉴香品

第 **五** 章 **赏香器**

第 六 章 咏香志

第一章

叙香史

始于上古：燎祭馨香重，甲骨黍稷香

上古时期是文字出现以前，中华文明尚处于酝酿阶段的历史时期。上古时期距今年代久远，是文明开化和思想启蒙的重要历史阶段，本书中的上古指夏以前的时期。上古先民由于社会生产力水平低下，不能完全认识了解一些自然现象，对表现出生命、意志、情感、灵性的自然现象或物体产生敬畏、依赖和崇拜心理，并对之敬拜和求告，希望获其护佑，消灾降福。

香奉神明，祭祀用香之先声

古代先民认可自然界万物皆有灵性，便以最隆重的礼仪、乐舞和贡品来祭祀上天。古人通过各种巫术祭礼和宗教仪式来实现与天及神的对话，以祈求诸神及天的保佑和恩赐。这种活动导致了原始的祖先崇拜与自然崇拜。古人通过"祀"来祈愿与自然万物和谐共生的理念，并以此表达对天地山川、自然万物以及祖先的尊敬和感恩。

考古文献显示，早在6000多年前，古人已经开始用焚烧的柴木（主要是焚烧后带有香气的植物）与其他祭品祭祀天地诸神，称为"燎祭"。燎祭的主要方式是燔柴致祭，早期焚烧之物大致分为柴薪（香草香木）、牲畜、玉石、谷物等。燎祭的精深意旨在于令香气及烟气升达至天，柴薪和牲畜脂肪通过焚烧产生大量浓烟直冲云霄，而松、柏等针叶树和香草焚烧后产生的特别香味也能远传四方，烟气和香气产生了强烈的视觉和嗅觉冲击效果。

商代燎祭的对象主要为山川、社神，也包括四方、日、月、风等，燎祭的目的大都为求雨、求丰年，《甲骨文合集》中有记载："壬午卜，于河求雨，燎。"周代以后，燎祭逐渐演变为郊祀和封禅的主要祭仪，通过燔柴燎牲以敬神告天。

"燎"字甲骨文

"燎"字篆文

　　"燎"字甲骨文为 米 光 燚 ，篆文变作 燚 燚 ，像木材交积之形，旁加小点像火焰上腾之状，下或从火，会燔柴而祭之意。《说文解字》："尞，柴祭天也。"其施用情形一般是在郊外高敞处建一座高大燎坛为燔柴之用，《礼记·祭法》："燔柴于泰坛。"因而仪注中又有坛璇之制。《尚书·尧典》记载："至于岱宗，柴。望秩于山川。"意为焚柴升烟，以气闻达，告祭天地。《尚书·洛诰》郑玄注："祼，芬芳之祭也。"又郑玄注《周礼》："禋之言烟，周人尚臭，烟气之臭闻者也。"意为燃烧香木香草使之产生芬芳之气，并上达于天，以香气享神，这是后世祭祀用香之先声。

　　燎祭最主要的特征是以明火焚烧，通过燃烧将代表自然的牲畜和代表文化的玉帛相连结。燎祭带有中介的性质，是自然与文化之间的媒介物。同时，从地理空间上看，燎祭在高处举行，郊祭的燎坛多居高阔之处，封禅的燎台更是在众山之巅，台坛和山峰位于天地之间，正像是天地的连结点，而燎祭时升起的烟雾，隐含天地相接之意；从时间上看，人们用火象征祖嗣传承，连结了祖先和后代，《诗·大雅·生民》便有载："载燔载烈，以兴嗣岁。"综上，燎祭既是自然与文化的连结，也是天地之间及先祖和后代的媒介，而燎祭正是先人敬神告天所认可的人与神之间的媒介。

　　燎祭是重要的祭祀仪法，在中国古代，祭祀也是一种治国之道。据有文字可考的历史，自商周至明清，燎祭一直为帝王邦君所施行。如《礼记·祭统》云："凡治人之道，莫急于礼；礼有五经，莫重于祭。夫祭者，非物自外至者也，自中出，生于心也……"又《左传·成公十三年》中载："国之大事，在祀与戎，祀有执膰，戎有受脤，神之大节也。"《汉书·五行志》引同。《旧唐书·马周传》：

"臣又闻国之大事，在祀与戎。孔子亦云：'吾不预祭如不祭'，是圣人之重祭祀也如此。"唐·李邕《又驳韦巨源谥议》："国之大事，在祀与戎。酌于礼经，陈于郊祭。将以对越天地，光扬祖宗，即告成功，以观海内。"

先秦贵族在举行重大祭祀仪式之前，皆举行祓除之礼。"祓"，《说文解字》的解释为"除恶祭也"，指驱除身上的污秽和邪气。《吕氏春秋·本味》中就有"汤得伊尹，祓之于庙。爝以爟火，衅以牺豭"的记录。《史记·封禅书》言武帝每见"寿宫神君""天子祓，然后入"。这一祓除礼，是祭祀前的清洁、驱鬼仪式，最常见的方式就是"沐兰汤"。大约从夏代开始，人们就有用兰汤洗浴身体的习俗。《楚辞·九歌·云中君》："浴兰汤兮沐芳，华采衣兮若英。"认为兰汤不仅可以祛除身上的污垢，使人的身体变得洁净，更可以祓除不祥。

除了"沐兰汤"的功用，香草在祭祀活动中也是敬献神灵的祭品之一。《楚辞·九歌·东皇太一》中就记载古人以香草和酒作为祭品："瑶席兮玉瑱，盍将把兮琼芳。蕙肴蒸兮兰藉，奠桂酒兮椒浆"。这里的"桂酒""椒浆"并非只是美称，而是实际的祭祀物品，蕙、兰、椒、桂，皆芬芳之物，旨在强调祭品的芳洁美好。朱熹注曰："此言以蕙裹肴而进之，又以兰为藉也。奠，置也。桂酒，切桂投酒中也。浆者，周礼四饮之一，此又以椒渍其中也。四者皆取其芬芳以飨神也。"以兰叶作为铺衬，将蕙草包裹的祭肉放置于上，献上桂椒酿制的美酒琼浆，让祖先神明得以安享，以求更多福佑降临。在"祭之以酒"的古代社会生活中，作为"天之美禄"的琼浆玉液也是最佳的祭享物品。桂的芬芳属于自然之香，用它所酿制的酒浆，清香芳醇，符合献享物品"贵质尚本"的要求，故而为神明祖先所喜爱。《荆楚岁时记译注》中也记载了楚人岁旦之时"进椒柏酒，饮桃汤。进屠苏酒，胶牙饧"的习俗。可见，桂酒、椒浆确为当时的实际物品。这些祭品最大的特色就是香气四溢，正如朱熹所说的"取其芬芳以飨神也"。用桂酒祭祀神明的习俗在汉代依旧盛行，《汉书·礼乐志》载："尊桂酒，宾八乡。"将香酒供献于祖先神明，表达了人们对其最恭谨虔诚的礼敬，以香酒为媒进行人神交流，期望神佑人安，幸福康乐。

香山九老图（台北故宫博物院 藏）

沉香山子

先秦之"香"非今"香"

香气从周代起在祭礼中发挥重要的沟通作用，自两汉至唐，随着佛道兴盛及西域和南海大量异域香料的流入，"香通神明"的文化意义和精神内涵已经发生了重大转变。

商代晚期 子父辛爵（台北故宫博物院 藏）

本爵从流嘴到腹部的表面，都是用"云雷纹"满饰的图案，但在右侧牛头把手的两边腹壁上，还可辨出上有一卷角的大"羊首纹"，下有一小"兽面纹"；其在左侧的腹面，所饰与右侧同。在把手内的腹壁上，铸有铭文三字，最上是"子"字，像个婴儿，双手上下挥动，其身与双足被布巾包裹，属象形字；族徽用"子"，是代表王子的身份，下面二字是"父辛"。铭文大意是王子家族为父亲辛作此祭祀用的酒器。凡是祭祀祖先用的礼器，通常都以装盛功用为主，并不当作日常生活喝酒用的酒杯。

"香"字源于谷物之香。甲骨文中的香字似盛黍稷于器之形，以见馨香之意。禾黍边上的小点，表示谷粒或者黍粒。香字从黍从甘，"黍"表谷物，"甘"表甜美。《说文解字》："香，芳也。"舯部曰："芳，卿香也。"《大雅》曰："其香始升。从黍从甘。"《春秋傳》曰："黍稷馨香。凡香之属皆从香。"

先秦时期祭祀用香主要体现为燃烧香草和供香酒。《诗经·生民》记载用焚烧染有油脂的萧祭路神："取萧祭脂，取羝以軷。载燔载烈，以兴嗣岁。"孔疏："萧，香蒿也。爇，烧也。言宗庙之祭，以香蒿合黍稷，以合其馨香之气，使神歆飨之，故此亦用萧，取其馨香也。"郑玄笺："取萧草与祭牲之脂爇之于行神之位，馨香既闻。"萧，即牛尾蒿，有香气，嫩芽、嫩叶可生食或蒸食。古人采蒿与黍稷共同烧煮，以香气享神，或用香草煮成的水，作为裸礼的盥洗之用。

香草和香酒是祭祀活动中敬献神灵的重要祭品。《楚辞·九

沉香

歌·东皇太一》中就记载古人以香草和酒作为祭品："瑶席兮玉瑱，盍将把兮琼芳。蕙肴蒸兮兰藉，奠桂酒兮椒浆"。诗中的"桂酒""椒浆"并非仅是美称，而是实际的祭祀物品，蕙、兰、椒、桂，皆属芬芳之物，旨在强调祭品的芳洁美好。朱熹注曰："此言以蕙裹肴而进之，又以兰为藉也。奠，置也。桂酒，切桂投酒中也。浆者，周礼四饮之一，此又以椒渍其中也。四者皆取其芬芳以飨神也。"意思是说用蕙草将肉包裹，并用兰叶置底用作铺衬，将桂椒渍于酒中酿制成芬芳琼浆，以此让祖先神明得以安享，以求更多福佑降临。

桂本身具有自然之芬芳，用桂所酿的酒浆清醇芳香，符合献享物品"贵质尚本"的要求。桂酒在"祭之以酒"的古代社会生活中，因为神明祖先所喜爱，成为最佳的祭祀物品。用桂酒祭祀神明的习俗在汉代依旧盛行，《汉书礼乐志》载："尊桂酒，宾八乡。"意指古人将香酒尊献于祖先神明，以此表达人们对其最恭谨虔诚的礼敬。期望以香酒为媒，与神沟通，望神佑人安，幸福康乐。

用郁金香和黑黍酿制的鬯酒也是祭祀的重要供品。《周礼春官宗伯》云："郁人掌裸器。凡祭祀、宾客之裸事，和郁鬯，以实彝而陈之。"郁草即为郁金香，《说文》曰："郁，芳草也，谓用百草之华，煮以合酿黑黍，以降神香也。或说今郁金香是也。"《礼记·郊特牲》云："周人尚臭，灌用鬯臭，郁合鬯，臭阴达于渊泉。灌以圭璋，用玉气也。既灌，然后迎牲，致阴气也。萧合黍稷，臭阳达于墙屋，故既奠，然后焫萧合膻芗。凡祭，慎诸此。"此时的"香"并无香料的含义，指的是祭祀时牺牲、黍稷及酒、柴所释放的香气。

宋人在作《香谱》时，将"香通神明"追溯至三代祭祀之礼。宋人叶廷珪在《香录》中有观点认为，"古者无香，燔柴炳萧，尚气臭而已，故香之字，虽载于经，而非今之所谓香也。至汉以来，外域入贡，香之名始见于百家传记。"又《颜氏香史》中说，"焚香之法，不见于三代。汉唐衣冠之儒，稍稍用之。"到了清代，《钦定四库全书·子部九·香谱·谱录类一·器物之属提要》中显示四库馆臣对南宋《陈氏香谱》的评价，就认为将"龙涎迷迭"的源头追溯为"左传馨香"是"殊为无谓"了，可见彼时博学的四库馆臣，已不觉得香事与"黍稷馨香"有什么关系了。

由此可知，先秦时期"香通神明"的"香"在范围上与今时有异。首先在"香"的含义上，先秦时期的"香"指兰、蕙、椒、桂、郁、鬯等散发的香气，表现在祭品上就是香草、动物油脂和粮食的燃烧之香气，而不是现今人们所熟悉的"焚香"；其次，"神明"的范围也扩大了，今时的神明在祭祀天地四方与祖先之外，呈现了官方祭祀之神与佛道及各种民间信仰神明的混融。

花椒：有椒其馨，胡考之宁

干花椒

椒酒奉神祈福泽

《周颂·载芟》篇有"椒"：

载芟载柞，其耕泽泽；千耦其耘，徂隰徂畛。侯主侯伯，侯亚侯旅，侯彊侯以。有嗿其馌，思媚其妇，有依其士。有略其耜，俶载南亩。播厥百谷，实函斯活。驿驿其达，有厌其杰。厌厌其苗，绵绵其麃。载获济济，有实其积，万亿及秭。为酒为醴，烝畀祖妣，以洽百礼。有飶其香，邦家之光；有椒其馨，胡考之宁。匪且有且，匪今斯今，振古如兹。

这首诗反映了周代春季的农事活动和祭祀活动，从诗篇开头到"万亿及秭"是农事部分，写了春季里松土除草，耕地播种，妇女为农人们送饭，秋季收获的粮食堆满了仓廪；从"为酒为醴"到诗篇结尾写祭祀宴享，以美酒、牺牲感谢神灵祖先庇佑并祈祷来年丰收，以美酒美食敬献长者又宴请四方客人。

《载芟》里的花椒被用来制作祭祀中的供品。诗句"有飶其香，邦家之光；有椒其馨，胡考之宁"是对花椒最早的文学描写。对其中"椒"的字意，汉毛亨解释："飶，芬香也。椒犹飶也。胡，寿也。考，成也。"郑玄笺："芬香之酒醴飨燕宾客，则多得其欢心，於国家有荣誉。宁，安也。以芬香之酒醴祭於祖妣，则多得其福右。"由此可知"椒"在《载芟》一诗中代指用于祭祀祖先的酒，用花椒浸泡入酒中制作供奉祖先的酒醴，用带有花椒馨香气味的供品供奉给祖先以祈求祖先的庇佑。

《楚辞·离骚》记载："巫咸将夕降兮，怀椒糈而要之。"此句描写祭祀场合，"椒，香物，所以降神。言巫咸将夕从天上来下，愿怀椒糈要之，使占兹吉凶也。"古人相信神灵喜爱花椒的香味，以花椒之香吸引神灵，花椒是人与神灵达成沟通的桥梁，花椒在祭祀中扮演了重要角色。

椒酒是祭祀活动中不可或缺的献祭品。《诗经·周颂》有载，将香酒供献于祖先神明，可以让祖先神灵安享，并得其福佑。献上馨香的椒酒，表达了人们对祖先最恭谨虔诚的礼敬。期望以香酒为媒进行人神交流，祈祷神佑人安康。

《载芟》诗中的祭祀仪式里是借花椒祈祷长寿健康。对"有飶其香，邦家之光；有椒其馨，胡考之宁"，孔颖达的解释为："以飨燕施于宾客，故云'得其欢心，于国家有荣誉'。祭祀进於祖妣，故云'多得福禄，於身得寿考。'胡为寿也。言考者，明老而有成德。"在这场祭祀里先民请祖先享用有花椒香气的酒醴，祈求祖先保佑降下福禄，祭祀者向祖先祈求保佑自己健康长寿。古人借花椒表达对健康的企盼，在恶劣的生存环境中保持健康而延长生命是他们朴素而强烈的愿望，时代的制约使他们只有借祈求神灵、祖先的庇佑来实现这种愿望，花椒就是祭祀中承载这种愿望的载体。

花椒的食物价值

现今，花椒已是日常佐餐之物，口感香麻，味道浓郁，即开胃又暖身。但其实花椒被用于菜肴中调味，是直到宋元以后才普遍的。

魏晋以前，花椒多是作为香料、象征物、殉葬品使用。魏晋以后，花椒的药用功能与饮食调味功能逐渐被开发出来。东晋周处《风土记》中有"三香椒、樘、姜"之说。《齐民要术》中记载"作鱼鲊第七十四""脯腊第七十五""羹臛法第七十六""蒸缹法第七十七"等篇中均是椒姜并提，绝大多数是姜椒、橘皮、葱、小蒜一起配伍。"其叶及青摘取，可以为菹，干而末之，亦足充事。"《蛮书》《北户录》《四时纂要》均记载了花椒用于调味品的情况。由此可见，花椒已经渐渐进入了人们的饮食生活。

晋代以前，花椒多见于贵族的餐桌，加入了花椒的食品被认为是上等的美味佳肴。唐代以后，花椒在菜肴中的使用有所增加，唐代诗僧释寒山诗云："蒸豚揾蒜酱，炙鸭点椒盐。"到了宋元年间，花椒得以大量使用。元代《居家必用事类全集》中记载了不少食品使用花椒调味。元代，牛羊肉等在饮食结构中的比例逐渐增大，需要一味能"压膻腥"的香辛料。元代忽思慧《饮膳正要》中牛羊肉制品多用花椒调味。元代倪瓒所著《云林堂饮食制度集》中所记载的各种海鲜类菜肴也用到花椒，这些记载表明此时花椒食用已广泛应用。

清代以前，花椒的麻味在川菜中还没有形成独立的基本味，它主要与其他调味

鲜花椒

品一起使用，如制作花椒盐、五香面、葱椒盐等。清代末期，麻味已成为川菜中具有鲜明地方特色的基本味，《成都通览》中记载了"椒麻鸡片"的菜名。以花椒制成的调味料有花椒油、花椒粉与椒盐等。花椒具有馨香和独特的麻味，赋予了川菜别具一格的特质，它与辣椒相搭配形成了川菜麻辣兼备的格局，成为川菜的核心及特色调料之一。

花椒的药用价值

公元两千年前的《神农本草经》中载，花椒可以"坚齿发，明目，久服轻身好颜色，耐老增年通神"。北宋苏颂《本草图经》记载了秦椒、蜀椒的栽培地。秦椒"今秦、凤及明、越、金、商州皆有之"；蜀椒"陕、洛人间多作园圃种之"。

古代医疗水平落后，药物缺乏，人民在与疾病的抗争中积累经验，渐渐认识到一些植物的作用。《神农本草经》依据药物的性能功效将药物分成上、中和下三品，其中收录了不同产地的两种花椒——秦椒和蜀椒，秦椒被收入中品，《本经》秦椒它的评述为："味辛温。主风邪气，温中除寒痹，坚齿发，明目，久服轻身好颜色，耐老增年通神。生川谷。"蜀椒在《神农本草经》中被收入下品："味辛温，主邪气咳逆，温中，逐骨节，皮肤死肌，寒湿，痹痛，下气，久服之，头不白，轻身增年，生川谷。"这是药物典籍对蜀椒药性明确的记载，后代医书中也多收录有花椒。

花椒也常见于中医药方，与其他药材搭配后花椒可用于治疗腹痛、伤寒等病症，如《肘后备急方》载"治卒心痛方"，用到"蜀椒1两"。《神农本草经》中说："下药除病，能令毒虫不加，猛兽不犯，恶气不行，众妖并辟。"明代李时珍《本草纲目》记："秦椒，花椒也。始产于秦，今处处可种，最易蕃衍。"又载："椒，阳刚之物，乃手足太阳、右肾命门气分之药。其味辛而麻，其气温而热，入肺散寒，治咳嗽；入脾除湿，治风寒湿痹，水肿泻痢。"《千金翼方》载，花椒"治下痢，腰腹冷，兼温中暖胃，除湿，止腹痛"。可见，花椒能养颜抗衰，治疗多种疾病。

由此可见，古人早已认识到花椒的气味具有杀虫、防腐、防霉、防潮、祛湿的药性，且利于人体保健，或许这正是古人喜爱其味道的主要原因。

陶制香炉和铜制香炉

初展于汉：香路通，异香兴，香料使用趋于成俗

汉代开通了丝绸之路，大量外域香料如丁香、迷迭香、胡椒、安息香等进入中国并风行于汉时的贵族阶层，多种香料的应用和发展，酝酿出了中国香文化的雏形。

汉初香草有限，国产为主

西汉初期，人们使用的香料基本都是比较常见的国产香草，这一点从马王堆汉墓出土的众多香料及香器具便可略窥一斑。

桂皮

马王堆汉墓是西汉初期长沙国丞相、轪侯利苍的家族墓地，墓葬结构宏伟壮观，出土珍贵文物三千余件。其中，一号墓出土了大量至今仍可清晰辨别的花椒、佩兰、茅香、辛夷、杜衡、藁本、桂、高良姜、姜等十余种植物性香料及香奁、香囊、香枕熏笼等香器。

《神农本草经》《本草纲目》等书中记载，花椒"除风邪气，温中，去寒痹"；茅香可治恶气，"令人身香，治腹内冷"；高良姜"治腹内久冷气痛，去风冷痹弱"；桂皮主治"腹中冷痛，咳逆结气，脾虚恶食，湿盛泄泻，血脉不通"；干姜"温中散寒，逐风湿冷痹，腰腹疼痛"；杜衡治"胸胁下逆气"；佩兰有"疏风解表，祛风活血，散瘀止痛，去伤解郁"。这些香料除了具有芬香气味，在不同程度上也皆有药性。既能散发芳香，又能起到保健作用，且较易获得，在汉初被大量使用。

墓中出土了专门放置香料的单层五子漆奁、内填香草佩兰的绣花香枕以及装有各种香药的草药袋和香囊。草药袋总计六个，其中两个草药袋盛有花椒、茅香、高良姜和姜，三个草药袋添加藁本，余下一个草药袋中仅盛花椒。同时，出土文物中还有两个彩绘陶制熏香炉和两个截锥形熏笼。其中一个熏香炉盘内盛满了燃烧后残存的茅香炭状根茎，另一个熏香炉内则装有高良姜、茅香、藁本和辛夷等香草。

马王堆汉墓出土的十余种当时常见香料分别盛放在草药袋、香囊、枕头、妆奁和熏炉中，基本代表了西汉初期贵族用香习俗的物质概貌。

至汉武帝年间，国家大一统，南北交流增强，南方的香料传入中原地区。同时张骞出使西域，丝绸之路正式开辟，使得大量西域物品传入，异域香料随之进入中原地区，用香风气开始在社会上层流行。

汉武帝开边，异香大量涌入

汉武帝在位期间大规模开拓疆土，通西域、开海路、统南越，汉时中外经贸文化交流达到鼎盛，海外香料如胡椒、迷迭香、乳香、龙脑香、安息香、苏合香、沉香、丁香等也随之源源不断进入中原，熏香种类的丰富极大地促进了熏香习俗的普及并盛行。

《博物志》中记载："汉武帝时，弱水西国有人乘毛车以渡弱水来献香者。帝谓是常香，非中国之所乏，不礼其使西使临去，乃发香气如大豆者，拭著宫门，香气闻长安数十里，经数日乃歇。"《后汉书李恂列传》也记载："西域殷富，多珍宝，诸国侍子及督使贾胡数遗恂奴婢、宛马、金银、香罽之属，一无所受。"由此可以看出，自汉武帝时期就有西域香料开始传入内地，两汉时期不断输入中原地区。

丝绸之路，简称丝路，一般指陆上丝绸之路，起源于西汉。19世纪末德国著名学者李希霍芬提出了"丝绸之路"（The Silk Road）的概念，即丝绸之路用来指起始于古代中国，连接亚非欧洲的古代贸易通道，主要用来运输中国出产的丝绸、瓷器等商品，后来成为东西方之间在政治、经济、文化等诸方面进行交流的重要道路。

现今的香料主要是指具有香气或香味的物质，并不单指可食用的香辛料。但在汉代以前，中国本土香料基本局限于椒、茅、萧等清香料以及葱、芥、韭、蒜等辛香料。随着丝绸之路的开辟，沿途的商人将大量西域香料传入中国并增加贸易，这些经营活动不仅促进了陆地丝绸之路的进一步发展，也改变了中国香料市场的格局。同时，南越收复后沿海部分居民开始开拓海外贸易，海上丝绸之路兴起。海上丝绸之路较陆上丝绸之路不仅能到达更远的地方，每次贸易可运输的货品数量更多，且更能接近香料主产地。由此，大量异域香料从海上传入我国南方地区，再由南至北传入中国广大地区。

各种植物香料

迷迭香

迷迭香随着丝路进入中国，《本草纲目·草部卷之十四·草三：迷迭香》中载，"魏文帝时，自西域移植庭中，同曹植等各有赋。大意其草修干柔茎，细枝弱根。繁花结实，严霜弗凋。收采幽杀，摘去枝叶。入袋佩之，芳香甚烈。与今之排香同气。"因魏文帝曹丕极其喜欢迷迭香浓郁的芳香，不仅随身佩戴，并将迷迭香成功移植到宫苑里，并为迷迭香作赋"生中堂以游观兮，览芳草之树庭。重妙叶于纤枝兮，扬修干而结茎。承灵露以润根兮，嘉日月而敷荣。随回风以摇动兮，吐芬气之穆清。薄西夷之秽俗兮，越万里而来征。岂众卉之足方兮，信希世而特生。"

龙脑香

龙脑香在西汉时传入中国。据《史记·货殖列传》记载，在西汉的广州已能见到龙脑香。龙脑就是取自龙脑香树树干的裂缝处的干燥树脂，或者砍下其树干及树叶，切成碎片，经水蒸气蒸馏升华后冷却而成的产物，也就是现代中药体系中的天然冰片。中国古代写龙脑的诗歌很多，如戴叔伦的《早春曲》："博山吹云龙脑香，铜壶滴愁更漏长。"长孙佐辅的《古宫怨》："看笼不记熏龙脑，咏扇空曾秃鼠须。"李贺的《啁少年》："青骢马肥金鞍光，龙脑入缕罗衫香。"当中的博山炉、青骢马、黄金鞍、绫罗衫，都是奢华贵重之物。显而易见，龙脑香在当时的使用范围，主要集中在贵族群体中。

安息香

汉武帝曾遣使至安息国（今伊朗境内），引入香料。安息香原产于古安息国、龟兹国、漕国以及阿拉伯半岛地区。《汉书》称："安息国去洛阳二万五千里，北至康居。其香乃树皮胶，烧之通神明，辟众恶"。李时珍曰："此香辟恶，安息诸邪，故名。或云：安息，国名也。梵书谓之拙贝罗香。"《酉阳杂俎》载安息香出波斯国，作药材用。《新修本草》曰："安息香，味辛，香、平、无毒。主心腹恶气鬼。西戎似松脂，黄黑各为块，新者亦柔韧"。叶廷珪《香谱》云：此乃树脂，形色类胡桃瓤，不宜于烧，而能发众香。

可食用的香料：八角、香叶

汉武帝尚香，推动香文化发展

汉武帝时期，中国香料种类及数量大量增加。同时，由于汉武帝的推崇，古代香文化已在上层社会中酝酿并风行。

汉武帝打破了香必用祭的垄断

据《魏书·释老志》记载："汉武元狩中，遣霍去病讨匈奴，至皋兰，过居延，斩首大获。……获其金人，帝以为大神，列于甘泉宫。金人率长丈余，不祭祀，但烧香礼拜而已。"皇帝的这种行为被大臣仿效并流传到民间，形成了用香敬神的传统。

汉武帝带动了香器发展

相传，汉武帝嗜好熏香拜神且信奉神仙方术。汉代人们相信，在大陆东方的海上有蓬莱、方丈、瀛洲三座仙山，是修仙得道的理想场所。因而汉武帝遣人以典籍图画中的仙山景象来制作了造型特殊的香炉——博山炉。"博"其意为众多，指炉盖雕镂的起伏的山峦之形。武帝希望以此炉熏香可以感动神仙，满足其长生的愿望，因此才有了流传于后世的博山炉。虽然在博山炉之前已经出现了熏炉，但是都不如博山炉那样特点鲜明，影响深远，故人们将博山炉推为香炉的始祖。

博山炉能在西汉快速流行开来并享有很高的地位，与汉武帝的推重有关。汉武帝奉仙好道，此时期的博山炉追求于仙山、仙岛的奇幻梦境，炉盖高耸如山，模拟仙山景象，山间饰有灵兽、仙人，镂有隐蔽的孔洞以散香烟。足座下还常设有贮水（有贮兰汤之说）的圆盘，润气蒸香，象征东海。焚香时，香烟从镂空的山形中散出，宛如云雾盘绕的海上仙山。据史料记载汉代还有更加精巧的"五层博山炉""九层博山炉"。燃香后各层会有序地自然转动，致使图案变换，这些香具以及燃香后出现的奇妙景象，既可促进人们思维灵光的发展，也不断地改变着人们的审美取向。

西汉 鎏银骑兽人物博山炉（河北博物院 藏）

汉武帝制定了用香宫制

《汉官仪》中有大量的用香仪轨，如："尚书郎入直台中，给女侍史二人，皆选端正指使从直，女侍史执香炉烧熏，以从入台中给使护衣"。意思是官员们上朝要在怀中揣香。汉官兴职曰："尚书郎怀香握兰趋走丹墀"等。据传，自汉代起，宫中的侍女多持孔雀翎，其目的就是打扫香灰。

据汉代风俗著作《风俗通》记载："汉尚书郎每进朝时，怀香握兰，口含鸡舌香。"《初学记·职官部》中曾引述东汉学者应劭所著《汉官仪》的记载："尚书郎含鸡舌香，伏奏事，黄门郎对揖跪受，故称尚书郎怀香握兰趋走丹墀。"可见，百官上朝须随身佩香，尚书郎须口含鸡舌香（丁香），一身香气地侍奉天子。

《太平御览》的记载则更有趣："桓帝侍中乃存，年老口臭，上出鸡舌香与含之。鸡舌颇小辛螫，不敢咀咽，嫌有过，赐毒药，归舍，辞决就便宜，家人哀泣，不知其故。僚友求视其药，出在鸡舌，咸嗤笑之。"说的是东汉桓帝在位期间，有位担任侍从的侍中名叫乃存，其人年长且有口臭，向汉桓帝奏事的时候不免熏到皇上。有一天汉桓帝终于忍受不了了，便赐了一粒鸡舌香给乃存。乃存将鸡舌香含到口中，只觉得此物又香又辛辣，以为是皇上赐给他的毒药。吐又不敢吐，咽又不敢咽，万般无奈下含着这粒鸡舌香回到了家。一到家，乃存就吩咐家人赶紧为自己准备后事，然后与家人抱头痛哭。家人很奇怪，不明所以，赶紧向乃存的同僚询问，乃存的同僚闻讯赶来，让乃存吐出口中的药一看，不由得哈哈大笑，告知乃存这就是传说中的鸡舌香，是清香口气的。足见古代的郎官口含"鸡舌香"，是"欲其奏事对答，其气芬芳"，以免口气不佳。

而自汉代开始，鸡舌香就成为了朝廷礼仪的组成内容，上朝官员无论是否有口臭都要含鸡舌香，比如刘禹锡的诗句"新恩共理犬牙地，昨日同含鸡舌香"，又比如白居易的诗句"对秉鹅毛笔，俱含鸡舌香"，都是形容同朝为官之意。曹操曾经给诸葛亮写过一封信《与诸葛亮书》："今奉鸡舌香五斤，以表微意。"这并不是讽刺诸葛亮有口臭，而是以五斤鸡舌香相赠，隐晦地劝说诸葛亮归降汉天子，自己愿意和他同朝为官。

丁香

苏合香树

汉代上层社会，尤其在宫廷中，不仅流行烧香，还开始用香料营造仙界氛围、熏衣、熏被，说明这一时期香料的使用已经日常化，外来香料也成为日常用品的一部分。

宫廷香炉，琉璃镂空雕花，做工精致！

香既能安神开窍，又能怡情助兴。

苏合香：香出苏合国

汉代国力兴盛，香料推动了汉代对外文化交流及经贸往来的发展。随着外来香料的大量涌入，香料渐渐由神飨而人用，由外用而内服，由单味而复方。苏合香是汉唐时期重要香料之一，主要依靠进口。

苏合香别名各不同

苏合香又名帝膏、苏合油、苏合香油、帝油流、狮子屎，还有梵语苏合香sturuk的多种音译。

帝膏之称，见于唐代侯宁极的《药谱》。苏合香进入中土后逐渐入药，《名医别录》云："苏合香……久服轻身长年。"苏合香虽有轻身长年的功效，但真者难别，陶弘景曾主张苏合香只供合香，不宜入药。而西域进贡的苏合香则为真品，唯帝王可享用无虞，故称帝膏，后也称帝油流。

苏合香又称兜娄婆、都卢婆、都噜婆、窣堵鲁迦，咄鲁瑟剑、咄竭瑟剑。这些名字都是梵语苏合香"sturuk"的音译，多出自佛经。苏合香在佛教中多用来礼佛，被视为佛香上品。玄奘译《瑜伽师地论》卷三云："或立四种。谓四大香。一沈香。二窣堵鲁迦香。三龙脑香。四麝香。"窣堵鲁迦即为苏合香。又《六字神咒经》卷一讲供养文殊师利菩萨在道场诵咒时要用"都卢婆香油（苏合香稀者是）无烟佉陀罗木炭。"《大威怒乌刍涩摩成就仪轨经》卷一云：令众人敬真言要使用"咄噜瑟剑苏合香也，末和芥子"，以进火中一千零八遍。

苏合香在古代不同时期产地所载不同

《后汉书·西域传》："大秦国，一名犁鞬，以在海西，亦云海西国……土多金银奇宝，有夜光璧、明月珠……合会诸香，煎其汁以为苏合。"据此可知，苏合香产于大秦国，非中土之物。《南史》卷七十八也提到了"苏合""中天竺国，在大月支东南数千里，地方三万里，一名身毒。……西与大秦、安息交市海中。多大

沉香

沉香

秦珍物，珊瑚、琥珀、金碧、珠玑、琅玕、郁金、苏合"。

大秦是古代中国对罗马帝国及近东地区的称呼。随着公元前2世纪末丝绸之路的开通，东西方文明交流逐渐加速，而罗马正位于贸易路线上的终点，当时的中国把它命名为"大秦"。据《魏略》记载："大秦国一号犁轩，在安息、条支西，大海之西。从安息界安谷城乘船直截海西，遇风利二月到，风迟或一岁，无风或三岁。其国在海西，故俗谓之海西。"根据这些史书的记载，苏合香的产地应当是大秦国。

而根据《魏书》《周书》与《隋书》记载，苏合香的产地应当是波斯国。《魏书》卷一百〇二记载："波斯国，都宿利城，在忸密西，古条支国也……土地平正，出金、银、鍮石、珊瑚……郁金、苏合、青木等香。"《周书》卷五十载："波斯国，大月氏之别种，治苏利城，古条支国也。东去长安一万五千三百里……又出白象、狮子……赤麂皮，及熏六、郁金、苏合、青木等香。"《隋书》卷八十三载："波斯国，都达曷水之西苏蔺城，即条支之故地也……薰陆、郁金、苏合、青木等诸香。"

苏合香气味形态各异

《梁书》《后汉书》《广志》中皆有记载：苏合香有香膏与胶滓。香膏近油汁状，气味香浓；贩来中国的多为胶滓，质坚味淡。

晋郭义恭《广志》载："苏合香……采之，笮其汁以为香膏，卖滓与贾客。"桵树树胶割取下来后，经深加工、精细提炼而成香膏，是气味香浓的苏合香膏；而提炼出香膏后的桵树树胶渣滓则是粗制的固态苏合香，气味不浓。香膏苏合香尝为进贡之物，而胶滓固态苏合香则多为商人贩卖。因此《梁书》亦云："大秦国人采得苏合香，先煎其汁以为香膏，乃卖其滓与诸国贾人。是以展转来达中国不大香也。"

《中华本草·维吾尔药卷》云："《注医典》载：（苏合香）是一种树的香脂，有的从香树中自溢外出，色黄；有的是对树皮采用煎煮法提取而得，色黑。"《药物之园》记载与之同，并指出苏合香树与温桲树相类。至今维吾尔族医药仍用此苏合香。大体来讲，唐代以前多用粗制苏合香。唐代以后，特别是宋代以来，多用精制苏合油。

古人喜爱熏染佩戴苏合香

汉晋时期，宫廷权贵喜以异域香料熏室香衣。《艺文类聚》卷七十《服饰部下》载《梁孝元帝香炉铭》曰："苏合氤氲，飞烟若云，时秾更薄，乍聚还分，火微难尽，风长易闻，孰云道力，慈悲所熏。"苏合香气悠耐燃，稀少珍贵，非寻常百姓家所有，尝为帝王家香炉熏燃。又唐张说《安乐郡主花烛行》："翠幕兰堂苏合薰，珠帘挂户水波纹。"李百药《笙赋》："苏合薰兮龙烛华，连理解兮鸳枕絮。"都描绘出古人在房中熏染苏合香的情形，可见熏染苏合香是一种流行于上层社会的习俗。

白居易在《裴常侍以题蔷薇架十八韵见示因广为三十韵以和之》中写道："胭脂含脸笑，苏合裹衣香。"又明朱有燉《元宫词》："骑来骏马响金铃，苏合薰衣透体馨。"李端《春游乐二首》："游童苏合带，倡女蒲葵扇。"又李峤《弹》："侠客持苏合，佳游满帝乡。"这些诗句都透露出古人有佩戴苏合香囊的习惯。

虽然古代不同时期的史书中关于苏合香的名称、产地、形态的记载各有不同，但苏合香确被广泛地应用于古人的日常生活，并以独特的药用价值成为一味重要的中药药材，深刻影响着古人生活的各个方面。

兴盛于唐：万国来朝贡异香，馥郁芬芳飘长安

唐代经济繁荣、交通便利、社会富庶、国富民强，这种盛世局面为香文化的发展提供了良好的社会环境。一方面，唐代香料极为丰富。其来源有境内各州郡的土贡、外蕃朝贡，更主要是靠胡商在唐经商。香料买卖市场由此初步形成，这既是唐代用香之盛的推动力，又为唐以后香文化的持续繁荣提供契机。另一方面，盛世局面使唐王朝有能力消费名贵香料。

在唐代繁荣的社会形势下，秦汉以来逐渐形成的香文化在唐代得到了充分发展。唐代是中国香文化发展史上不可忽视的阶段，为唐以后香文化的成熟和完备奠定了基础。

香品种类丰富，制作技术考究

唐代国力强盛，海陆交通发达，大量域外香料通过朝贡贸易或由胡商贩运而源源不断入唐。就唐代主要进口香料或香材品种而言，沉香出天竺诸国；紫真檀出昆仑盘盘国；没香出波斯国及拂林国；降真香生南海山中及大秦国；丁香生东海及昆仑国；没药是波斯松脂；薰陆香出天竺者色白，出单于者绿色；安息香生南海波斯国；苏合香来自西域及昆仑；龙脑香出婆律国等。

唐代香料品种较前代大大增加

唐时的香料主要有沉香、紫藤香、榄香、樟脑、乳香、没药、丁香、青木香、广藿香、茉莉油、玫瑰香水、郁金香、阿末香、降真香、苏合香、安息香、爪哇香等，基本囊括了唐以后的香料，最晚进入中国的龙涎香也可见于晚唐史料《酉阳杂俎》。

同时，唐代香料充足的另一个表现是，香料成为唐代许多州郡的土贡产品。唐代除华北地区贡麝香外，南方各地特别是山南、剑南也大量土贡麝香。除麝香外，如台州临海郡、漳州漳浦郡、潮州潮阳郡及陆州玉山郡土贡甲香；广州南海郡产"沉香、甲香、糖唐香"；永州零陵郡、道州江华郡土贡零陵香；骥州日南郡有沉香。但仅靠州郡土贡和外邦朝贡并无法满足唐朝香料的消费需求，主要依靠的还是从事香料经营的胡商从其产地贩运到唐的民间贸易。

唐代陆上丝绸之路和海上丝绸之路是香料来唐的两大通道，而由于安史之乱，陆上丝绸之路不及海上丝绸之路畅通。因此，唐代一些沿海大城市成为香料的集散地。广州沿岸聚集了大量乘载着异域香药的海外船舶，唐时的广州是当时世界上最大的香料市场之一，香料转运、买卖活动相当兴盛。扬州是仅次于广州的香料贸易港口。鉴真和尚六次东渡日本弘扬佛法，于天宝年间曾两次在扬州采购了麝香、沉香、甲香、甘松香、安息香、栈香、零陵香、青水香、熏陆香、毕钵、诃梨勒、胡椒、阿魏、龙脑香、胆唐香等近千斤香料。唐代其他一些沿海地区也是香料的转运地。唐代香料市场的市场规模，为宋代香料业的兴盛奠定了基础。

香品制艺初步发展

香料与唐代社会生活有着紧密联系，香料的种种妙处在唐代发挥得淋漓尽致，而且品质上乘的外来香料在这些领域占据了重要分量。无论是香的种类、用途还是品质，唐代都远远超过了前代。唐代香料不仅种类丰富、用途广泛，而且香品制作技术有了长足发展。

唐代香料的调配技术达到了较高水平，门类繁多的香方制作细致精良，功效多重。从香品形态看，有香膏、香饼、香粉、香脂、香丸、香水；从使用方法看，有涂敷、内服、佩戴、焚烧等。各种各样美容香方的出现表明了唐代香品制作的精细化程度，如到唐代才有的独立口脂配方，不仅添加诸多香料，芬香满馥，而且还形成紫色、肉色和朱红色等不同色泽的口脂，不仅护唇，还能疗病。

唐代香方门类繁多、功能多样、细致精良、技艺高超，推动了唐以后香料专著

沉香雕件

的产生和合香技术的成熟。唐代传世医书《备急千金要方》《千金翼方》《外台秘要》中记载的合香方就可见唐代香品的品质之高。如薰衣香就分为和蜜的薰衣湿香方及不和蜜的干香方。而就干香方而言，《备急千金要方》记载了三种相关配方，《外台秘要》也记载了五种，《千金翼方》中的薰衣香丸制作配方尤为重视控制香的燥湿程度、烟火多少来提高香的质量。

与此同时，印香、香炷是唐代香品的新风尚，隔火熏香是新的焚香方式。唐代香品制作工艺的进步，也是宋、元直至明、清香文化继续繁荣的一个重要因素。

闻香品茶

唐人宫乐图（台北故宫博物院 藏）

　　画中有唐女乐师十二人，十人围案而坐，中四人正吹奏笙、箫、古筝与琵琶诸乐器。侍立二人中，一人持拍相和，其余众人坐听，状至闲适。画中人物体态丰腴，开脸留三白；发髻衣饰、设色、画法皆系晚唐香妆风格。

宋苏汉臣百子欢歌图（台北故宫博物院 藏）

宋人画果老仙踪（台北故宫博物院 藏）

五代人浣月图（台北故宫博物院 藏）

铜香炉

朝堂焚香成制，宗教之香兴盛

唐代朝堂宫殿、居室帷帐、休闲独处、娱乐宴会处处弥漫着缥缈幽香。朝堂焚香成为唐代宫廷礼仪活动的一部分。

《新唐书仪卫志》记载："朝日，殿上设黼扆蹑席、熏炉、香案，宰相、两省官对班于香案前，百官班于殿庭左右"。香案是放置香炉的几案，常用来陈设、薰衣、供佛、祀神。朝廷由尚舍局专门管理焚香诸事，"掌殿庭祭祀张设、汤沐、灯烛、汛扫"。崔立之《南至隔仗望含元殿香炉》："千官望长至，万国拜含元。隔仗炉光出，浮霜烟气翻。飘飘萦内殿，漠漠澹前轩。圣日开如捧，卿云近欲浑。轮困洒宫阙，萧索散乾坤。愿倚天风便，披香奉至尊。"杜甫诗"朝罢香烟携满袖，诗成珠玉在挥毫""香飘合殿春风转，花覆千官淑景移"，姚合诗"王言生彩笔，朝服惹炉香"，均写出朝堂焚香、官员衣衫染浓香之景。

除了朝堂焚香，唐时一些庄重场合也要焚香。《梦溪笔谈》记载礼部贡院在举人考进士之日，"设香案于阶前，主司与举人对拜，此唐故事也"。唐代朝堂宫殿、进士考场以及庄重场所少不了焚香，并且有着重要的象征性意味，代表着对皇权的礼敬。

唐代佛教发展兴盛，佛教中的用香仪轨也被道教、祭祀所借鉴吸收，佛教、道教在举行法事活动或信徒修炼时，皆有香料的影子。由于佛教、道教在唐代得到扶持和尊崇，寺院、道观遍布全国且信徒数量众多，这使宗教之香在唐代尤为兴盛。佛经借香讲述佛法，僧人诵经打坐、寺院法事活动更要焚香通达神明；道士修行朝礼，斋醮仪式也少不了烧香礼拜。唐代皇室尤为重视国忌日或降诞日，在寺院行香设斋，道观也会在这些特殊日子举行斋醮法事为皇帝焚香祈福，这些都大大推动了佛教、道教之香的兴盛，这是唐代宗教之香的特色。在佛教、道教用香的影响下，自天宝八年玄宗敕令"以三焚香代三献"，皇室祭祖、丧葬的祭祀活动也开始焚香，祭祀用香大为扩展。

宗教之香亦讲究香品的风格，唐代有专门的佛寺用香，道教则重视降真香。文人常以"香刹"指代寺院，古诗文人描写道观、道士焚香的作品也比比皆是。香料在唐代世俗生活和宗教活动应用之广，是前代无可比拟的。如此不但丰富了唐人的物质生活，提高其生活品质，也为唐人带去了精神慰藉。

盛唐时期，佛教逐渐本土化、世俗化，而随着上层社会对异国香料的追求改变，唐时用香之风呈现下移趋势，这为香料在宋代能够走进广大社会阶层，成为日常生活打下坚实基础。

香料贸易活跃，用香之风下移

唐代国泰民安、经济繁荣、社会富庶，这为香文化的发展提供了良好的社会环境。杜甫《忆昔》云："忆昔开元全盛日，小邑犹藏万家室。稻米流脂粟米白，公私仓廪俱丰实。九州道路无豺虎，远行不劳吉日出。齐纨鲁缟车班班，男耕女织不相失。"

唐代交通便利，国内南北交流及对外经贸、文化交流高速发展，为香料的输入和传播提供了便利条件。《唐国史补》卷下言及舟楫之利："凡东南郡邑无不通水，故天下货利，舟楫居多。转运使岁运米二百万石输关中，皆自通济渠入河而至也。……扬子、钱塘二江者，则乘两潮发棹，舟船之盛，尽于江西，编蒲为帆，大者或数十幅，自白沙溯流而上，常待东北风，谓之潮信。"《旧唐书·崔融传》载崔融上疏论及内河交通运输情况："且如天下诸津，舟航所聚，旁通巴、汉，前指闽、越，七泽十薮，三江五湖，控引河洛，兼包淮海。弘舸巨舰，千轴万艘，交贸往还，昧旦永日。"由此可见，唐代内河航运交通之发达。《通典》则记载了当时国内陆路的发达情况："东至宋、汴，西至岐州，夹路列店肆待客，酒馔丰溢。每店皆有驴，赁客乘，倏忽数十里，谓之驿驴。南诣荆、襄，北至太原、范阳，西至蜀川、凉府，皆有店肆，以供商旅，远适数千里，不持寸刃。"

对外交通有陆上丝绸之路与海上丝绸之路，尤其是海上丝绸之路在唐代空前繁

铜香炉

荣。据《新唐书地理志》载，通向国外的贸易路线达七条："其入四夷之路与关戍走集最要者七：一曰营州入安东道，二曰登州海行入高丽渤海道，三曰夏州塞外通大同云中道，四曰中受降城入回鹘道，五曰安西入西域道，六曰安南通天竺道，七曰广州通海夷道。其山川聚落，封略远近，皆概举其目。州县有名而前所不录者，或夷狄所自名云。"

唐代是中古时期世界上最强盛的王朝之一，香料在唐代社会的各个方面产生了重要影响。陆上丝绸之路和东南海上水路为唐代与中亚、西亚、东南亚诸国进行广泛的经济文化交流提供了便利条件。

唐代用香盛行还体现在上层社会广泛使用香料，并且用香之风出现下移趋势。香料不只是少数上层贵族才能消受得起的稀罕之物，普通的官僚、士大夫对香料也偏爱有加。与此同时，受上层社会用香风尚的影响，尤其到了盛唐阶段，用香之风逐渐下移，虽然普通百姓不能够毫无节制地享用香料，但是在他们的日常生活中也能见到香料的影子，部分外来的珍贵香料对他们来说也不再神秘。

唐代文人阶层的推动作用也是唐代用香之盛的原因。唐代有大量关于香料的诗歌，嗜香的文人们不仅仅将香料作为吟咏的对象，还用细腻、雅致的审美情趣赋予了香料丰富的色彩和唯美的意象。唐代笔记小说、诗词文集也出现了大量关于咏香、用香、制香的作品，香料不仅丰富了唐人的物质生活，同时作为文化载体，也丰富了唐人的精神生活，增添生活情趣。这无疑推动了唐代用香由物质享受上升为精神享受。

先秦时期纯朴的用香风尚，经过两汉、魏晋的发展，至唐代已经广泛盛行于上层社会的日常生活。盛唐后期，随着佛教的本土化和世俗化，用香风尚呈现向下层社会发展的趋势。香料在唐代社会生活方方面面发挥了重要作用，应用范围之广，风气之盛行，彰显了与大唐盛世相映衬的时代特色。唐代是中国香文化发展的重要阶段。作为承上启下的盛唐时代，香料贸易的兴盛以及唐人对异国名香的追求之风必然影响后世香料的贸易和使用，为唐以后香文化的成熟与繁盛奠定了基础。

麝香：唐代州郡的珍贵贡品

麝香是我国原产的天然动物性香料，也是很早就被发现、记载且应用较为广泛的稀有昂贵之上品药材。麝主要生活在陕甘、川蜀、西藏的山谷地带，取自麝的麝香在我国古代历史上得到了广泛的利用。就唐代而言，麝香主要作为香料、药材等使用，既是贡品，也是活跃在丝绸之路上的主要商品之一，并形成了经由吐蕃输往海外的一条"麝香之路"。

麝如小麋，脐有香

麝香具特异强烈的香气，是中国传统名贵中药与香料，来源于鹿科动物麝的成熟雄体香囊中的干燥分泌物。麝是东亚独有品种，在中国曾经属于广布种群。历史上麝更分布于全国各大区范围，现代我国麝的分布区域范围与种群数量仍然居于亚洲之首。从某种意义上说，麝是中国原产并延续至今的特有动物。因此，中国古代对麝就有普遍的记述，可能由于麝与獐外形多有相似，麝较獐略小，在古代也没有像近现代的动植物分类学的细致分类法，致使文献记载中多有将"麝"误称为"獐"或"香獐"。

《山海经·西山经》载，"（翠山）其阴多旄牛、羚、麝"，郭璞注"麝似獐而小，有香。"可谓中国史籍第一次言及麝与产地，并说明古人早已按照是否产麝香区别獐与麝。《尔雅》有"麝父唐足"，郭璞注为"脚似唐，有香"。《说文解字》则载"麝如小麋，脐有香"。而李时珍对麝与獐在习性与动物行为、适应环境等方面有更明确的描述，他说"麝居山，獐居泽，以此为别"。由于麝科动物外形极其相似，以致其种及种下划分至今仍存在争议。目前学界一般认为有：原麝、马麝、林麝、黑麝和喜马拉雅麝五个独立的品种。

谢弗在《唐代的外来文明》一书中指出："中国人曾经利用其本国土产的动物、植物生产出了相当数量的香料和焚香。例如肉桂、龙脑、胶皮糖香液等，都是从中国的木本植物中提炼出来的，从中国的草本植物中榨取出来的香料有紫花勒精

铜香炉

（即零陵香）和香茅。紫花勒精的主要产地是在湖南省的永州附近，香茅可以与桃花瓣一起制成浴汤。中国人以动物为原料制作的香料，多半来自香猫，尤其是麝。"

作为香料使用的麝香

我国很早就将麝香作为香料使用，且用途广泛。葛洪《抱朴子》载："若夫王孙公子，优游贵乐，婆娑绮纨之间，不知稼穑之艰难，目倦于玄黄，耳疲乎郑卫，鼻厌乎兰麝，口爽于膏粱。"西施的美貌也喻于芳馥气息的兰麝之中，"昔者西施心痛而卧于道侧，姿颜妖丽，兰麝芬馥，见者咸美其容而念其疾，莫不踌躇焉"。对于麝香香气的传神，《本草图经》有"今人带真（麝）香过园中，瓜果皆不实，此其验也"。《酉阳杂俎》更记述"又有一种水麝，其香更奇好，脐中皆水，沥一滴于斗水中，用濯衣，其衣至弊而香不歇。其香气倍于肉麝。今岁不复闻有之。"

在文人雅士盛赞麝香的笔触下。可以感到当时社会生活许多方面麝香散发的馥郁芳香，显然至迟晋代。麝香与兰花已同为上乘香料的代名词，而"兰""麝"并称则是形容馥郁芬芳绝美词句。例如，南朝鲍照《中兴歌》写道，"彩墀散兰麝，风起自生芳"。而加入麝香的墨称麝墨，用以写字作画，芳香清幽，防腐驱虫，保存持久，故有王勃的"研精麝墨，运思龙章"之句。唐人韩偓也有诗云，"蜀纸麝煤添笔媚，越瓯犀液发茶香"。甚至在张祜诗中"随蜂收野蜜，寻麝采生香"，描写了猎麝取香的情景。而以猎麝取香为业的村庄"一宿白云根，时经采麝村"也被纳入王贞白的佳句之中。

作为药物使用的麝香

麝香具浓烈特异香气，是效用极好而且珍稀的上品中药材，在各种中成药实际应用中，麝香为牛黄、犀角、熊胆等名贵药材之首。特别是一些传统名贵中成药，都以麝香为必要成分。中医认为麝香性温味辛，有开窍醒神、活血通经、催产助生、散结止痛等神奇药效，主治惊痫神昏、寒邪腹泻、跌扑伤痛、中风痰厥、痈疽

麝香

肿毒、痹痛麻木等症，其性较峻烈，阴虚体弱者和孕妇忌用。而现代医学证实，麝香内含麝香酮、胆固醇、类固醇激素样物质等，有兴奋神经系统、呼吸中枢和心脏的作用，有助于昏迷病人苏醒，还能促进各腺体的分泌，有发汗和利尿作用，其水溶性成分有兴奋子宫作用，可引起流产。据试验表明，麝香还有抑制大肠杆菌和金黄色葡萄球菌生长的作用。麝香使用时研磨细碎，宜入丸散剂，不入煎剂。贮藏条件应密闭，置阴凉干燥处，避光，防潮，防蛀。

　　麝香在我国大约已有两千年的药材使用史，最早记载出现在《神农本草经》，其对麝香的药性有详细的分析："麝香，味辛温，主辟恶气，杀鬼精物、温疟、蛊毒、痫痉，去三虫，久服除邪，不梦寤魇寐"，后世的医籍也有相关详细记载。陶弘景指出，麝香"疗诸凶邪鬼气，中恶，心腹暴痛，胀急，痞满，风毒，妇人产难，堕胎，去面䵟，目中肤翳，久服通神仙"，并特别说麝出产地位于"中台川谷及益州、雍州山中，春分取之，生者益良"。《本草经集注》对麝的习性、产地及麝香的功能主治、鉴别等进行了详细而全面的介绍，虽难能可贵，但也不乏附会、臆测之处。此后各代医著也多有发挥与添附。直至明代，李时珍撰成《本草纲目》，融会贯通前代中医典籍，关于麝香虽在用法与辨证方面不逾规矩，但内容也多存疑，此不赘述。

广行于宋：政府专事香贸，百姓雅事焚香

皇家专供香药库，香药专卖榷易院

香药，在唐宋文献中通常是香料和药材的合称，范围并不十分确定。相较于本土香药的使用，香药在宋代的发展更多是受到外国香料朝贡贸易的影响。

《宋史·食货志》中明确记载太祖开宝四年，宋朝置市舶司，与大食、阇婆、占城、三佛齐、勃泥等国先后在广州、杭州、明州进行香料贸易。除了东南亚、中东的这些国家与宋有香药贸易往来之外，《宋史·外国三》中还记载了太宗朝时高丽国遣使以香药进贡的事例，这说明香药贸易在当时已受到了各国的重视。香药贸易带来可观的财政收入，而就当时宋朝的政治经济状况而言，毫不意外统治者会对香药愈加重视。又因香药的采集、贸易及经营需要完备的管理体系，香药行业的主管机构香药库应运而生。

香药库内设各部门及管理人员，分工明确、各司其职。《宋会要辑稿》职官五二载："太平兴国二年置香药库使、副使，榷易使、副使，旧有香药易院因置使。"可知宋初香药库成立后就设置了香药库使、副使，说明当时香药贸易举足轻重，需要有国家管辖的正式机构及官员来管理和经办该项事务。

而据《事物纪原》记载，香药库之前曾设香药榷易院，此为香药库前身。太平兴国时期（976—984）平定岭南及交趾海南诸国之后，这些国家连年入贡并与宋贸易，自三佛齐、勃泥、占城的犀象、香药之物充物府库，由此朝廷开始商议在京师设置香药榷易院，这是设置香药榷易院官职的开始。

从太平兴国二年三月到大中祥符年间，香药的买卖、抽解由榷货务承担，但榷货务只办理有关香药的各种事务，与香药榷易院并无从属关系。香药库，掌外国商人所贡市舶香药、宝石，隶太府寺，监当局名，在地方上各路设有转运司，具体管

理本辖区内香药的抽分、博买等事务。"内香药库掌贮藏细色香药，以随时备宫中宣索。"日积月累，香药宝物等数不胜数，远超朝廷自用、赏赐的需求量。于是太平兴国二年三月，从香药库使之请，将香药等物与商人进行买卖，收以金帛，初年得三十万贯，岁有增羡，卒至五十万贯，香药榷易局也由此成立。

宋代政府将香药贸易纳入政府禁榷经营范围之内以增加财政收入，并规定进口香药须由政府设在广州、泉州、明州等地的市舶司进行抽解和博买。抽解与博买是宋代市舶司主要职责之一，也是政府对香药禁榷经营的一个重要环节。抽解是指市舶司以香药等实物形式向舶商征收进口关税；博买是指抽解之后市舶司又要按一定价格向舶商收购部分进口香药蕃货。

宋代市舶香药抽解比例不同时期前后变化起伏较大，其中细色香药（质精价高的香药）抽解比例高时可达20%，甚至高达40%，但大多数情况下细色香药市舶抽解比例基本上为十取一即10%。而粗色香药（质次价低的香药）抽解比例虽有过高达30%的特例，但大多为十五取一即约6.7%。在乳香等榷货全部博买的情况下，其他市舶香药博买比例变化也较大，且基本上没有一定比例，完全是视具体情况而定。宋代市舶香药抽解博买比例的不断变化，反映了宋代政府与海商双方在香药蕃货贸易利益问题上的博弈。然而正是双方的这一博弈，促使宋代市舶香药抽解博买比例在大多数情况下趋于合理，从而有利于宋代香药蕃货海外贸易持续繁盛。

四司六局掌筵席，香婆香人事香铺

宋代香药的兴盛在很大程度上刺激了宋代经济与商业的发展。而宋代商贩和手工业者在对香药进行贩运、加工的时候，不但经营方式非常灵活，并且分布范围尤其广泛，为宋人的生活提供了多样化的社会服务。香药的普及激发了相关服务业的发展，为给王公贵族和平民百姓提供更多便利，专门的香药消费服务机构"香药局"应运而生。

宋 十八学士图（台北故宫博物院 藏）

　　苍松挺立，高大湖石峙立于须弥座花台，红、白、粉紫牡丹栽植于石隙中，珍花奇石争奇斗艳。画中文人端坐，预备听琴会友，案头列炉焚香，青烟袅袅而上，呈翘足鹤型，与背景长松搭配，具有"松龄鹤寿"画意。童仆或抱琴于前，或执羽扇立于旁，或捧盒或瀹茗。后方摆置剔犀漆盒、品茗瓷碗及珊瑚树盆玩。借由器具铺陈摆设，彰显出文人雅士闲居生活的高雅格调。

宋代官府贵家设四司六局，为盛大宴会供役。宋吴自牧《梦粱录·四司六局筵会假赁》中记载宋灌圃耐得翁《都城纪胜·四司六局》云："官府贵家置四司六局，各有所掌，故筵席排当，凡事整齐，都下街市亦有之。常时人户，每遇礼席，以钱倩之，皆可办也。"四司指帐设司、厨司、茶酒司、台盘司，六局指果子局、蜜煎局、菜蔬局、油烛局、香药局、排办局。其中香药局"掌管龙涎、沈脑、清和、清福异香、香垒、香炉、香球、装香簇烬细灰，效事听候换香，酒后索唤异品醒酒汤药饼儿"，即香药局的人员掌管着各类香料、香炉，负责香灰的收集处理，随时听候换香等事宜，待宴会后期为醉酒的客人提供各类醒酒汤药等。"凡四司六局人祗应惯熟，便省宾主一半力，故常谚曰：烧香点茶，挂画插花，四般闲事，不许戾家。若其失忘支节，皆是祗应等人，不学之过。只如结席喝犒，亦合依次第，先厨子，次茶酒，三乐人。"

宋代四司六局及职责

帐设司：专掌仰尘、缴壁、桌帏、搭席、帘幕、罘、屏风、绣额、书画、簇子之类。

厨司：专掌打料、批切、烹炮、下食、调和节次。

茶酒司：专掌宾客茶汤、荡筛酒、请坐谘席、开盏歇坐、揭席迎送、应干节次。

台盘司：专掌托盘、打送、赍擎、劝酒、出食、接盏等事。

果子局：专掌装簇、盘钉、看果、时果、准备劝酒。

蜜煎局：专掌糖蜜花果、咸酸劝酒之属。

菜蔬局：专掌瓯钉、菜蔬、糟藏之属。

油烛局：专掌灯火照耀、立台剪烛、壁灯烛笼、装香簇炭之类。

香药局：专掌药碟、香球、火箱、香饼、听候索唤、诸般奇香及醒酒汤药之类。

排办局：专掌挂画、插花、扫洒、打渲、拭抹、供过之事。

　　香最初与宗教关系密切，但在宋以前的文献中未见与制香行业相关的记载。在香药贸易兴盛的背景下，制香业开始繁荣，在宋代文献中与香铺、香肆有关的信息骤然增多，尤其是在记录南宋都城临安起居生活的文献中多有体现。《东京梦华录》记载北宋汴梁有卖印香的店铺："日供打香印者，则管定铺席人家牌额，时节即印施佛像等。""次则王楼山洞梅花包子、李家香铺……御廊西即鹿家包子，余皆羹店、分茶、酒店、香药铺、居民。"还有人"供香饼子、炭团"。又"香药铺席、官员宅舍，不欲遍记"，莲华王家香铺的灯火在众多"香药铺席、茶坊酒肆"中最出众。《西湖老人繁胜录》记载有香药社，另有文献记载，宋代各行各业均有专门的衣着打扮标准，香铺"裹香人"就是"顶帽披背"。《梦粱录》也有相似记载。制香业工作人员已经形成特定的衣装，说明当时制香业已经形成一个兴盛的行业。

　　《东京梦华录》还提到香铺买卖薰香料的情况："供香印盘者各管定铺席人家，每日印香而去，遇月支请香钱而已。巷陌街市常有供香饼、炭墼，并炭挑担卖，还有铜匙箸、铜瓶、香炉、铜火炉等薰香用的铜铁器"。由此可知当时已有专门代客制香、包香的香铺，客人每日到铺中取香，按月结算香钱，而香匙箸、铜瓶、香炉、饼、炭墼、铜火炉等为薰香必备材料。当时制作薰香料的妇女在有些场合可被称为香婆。《香乘》称："宋都杭时诸酒楼歌妓阗集，必有老姬以小炉炷香供者，谓之香婆"。《武林旧事》载："酒楼有老妪，以小炉炷香为供者，谓之香婆。有以法制青皮、杏仁、半夏、缩砂、豆蔻、小蜡茶、香药、韵姜、砌香、橄榄、薄荷，至酒阁分俵，得钱谓之撒暂"。

　　北宋张择端的风俗画《清明上河图》展现了汴京商业街的繁荣景象，图中的招幌文字可见"赵太丞家"前方十字街头，有一家店的招牌上写着"刘家上色沉檀拣香"并且大门上方大横匾额上有"刘家沉檀××丸散×香铺"。"拣香"是指"乳香"中的上乘之品。如《诸蕃志》记载："香之为品十有三：其最上者为拣香，圆大如指头，俗所谓滴乳是也；次曰瓶乳，其色亚于拣香，又次曰瓶香，言收时贵重之置于瓶中；瓶香之中，又有上中下三等之别。又次曰袋香，言收时止置袋中，其品亦有三，如鈬香焉；又次曰乳榻，盖香之杂于砂石者也；又次曰黑榻，盖香色之黑者也；又次曰水湿黑榻，盖香在舟中为水所浸渍，而气变色败者也；品杂而碎者曰斫削，簸扬为尘者曰缠末，此乳香之别也。"在此，"乳香"被分为十三等，而"拣香"位居最上等。

图中还多次出现"饮子"字样，宋代文献有很多"×香引（子）"的记述，如木香饮子、沉香饮子、二香饮子、聚香饮子、星香饮、附香饮、乳香饮、三香饮、五香饮等。可见，宋代在引子中加入香料的做法是相当普遍的。《事林广记》记载宋仁宗专为"香饮"列出品第，指出"以紫苏为上，沉香次之，麦门冬又次之"。这些都从侧面反映了宋代香文化的深度发展。

铜香炉

香贸市场繁荣，香药应用广泛

宋代的香药，诸如麝香、零陵香、檀香、丁香、降真香、茅香、甲香、木樨香、枫香、茴香、藿香、甘松香、都梁香、白豆蔻、青木香、肉豆蔻、栀子花等常见品种，除小部分香料原产于中国外，大多通过海外贸易输入而来。宋朝与香药进口诸国的频繁贸易与商品流通又直接加强了相互之间的交流与互动，通过海上丝绸之路往来传递的不仅是香药等大宗货物，更多的是来自不同国家和地区之间的文明风尚，无形中促进了彼此的了解与融通。

宋代香药的大量进口使得香药的应用更为广泛。香药的使用权也不再仅仅局限于权贵范围，逐渐向平民普及。宋人对香药的特性有了更深更好地了解，制香业的记载开始出现，香药渗透进入宋人平常生活的熏香、美容、食品、医药等各个方面。

随着香药在宋代各阶层的普及，香药消费风行一时，有妇女用香药化妆，使熏香、化妆品及香囊等香药商品的需求越来越大。既有面部妆品画眉七香丸，也有用于涂身的香粉，"涂傅诸香傅身香粉、英粉别研，青木香、麻黄根、附子炮、甘松、藿香、零陵香，各等分，除英粉外，同捣罗为细末，以生绢夹带盛之，浴罢傅身上。"人们用香药熏衣，"熏衣香、沉香四两，候冷入龙麝。"也会将喜爱的香药放入香囊，既可置于室内又可佩戴于身，颇为宋人追捧，"百和裛衣香、金泥苏合香、红罗复斗帐，四角垂香囊"，宋代贵族喜佩香，"诸大王珰争取一饼，可直百缗，金玉穴而以青丝贯之，佩于颈，时于衣领间，摩挲以相示。坐此遂作佩香焉，今佩香，盖因古龙涎香始也。"佩香在当时也是一种礼仪，"新安朱氏曰，注言佩容臭为迫尊者，盖为恐身有秽气触尊者，故佩香物也。"贵族妇女出行的车上也放置香药对象，"京师承平时，宗室戚里岁时入禁中。妇女上犊车，皆用二小鬟持香球在旁，而袖中又自持两小香球。车驰过香烟如云，数里不绝，尘土皆香。"

香药应用领域相当广泛，逐渐成为宋人生活中必不可缺的物品，并在社会生活中占有重要地位。宋代社会经济的繁荣使香药消费需求扩大，这种需求也推动

了香药市场的繁荣。宋代香药行业已呈现专业化、多样化和市场化的特点，而政府设置香药库也使香药行业经营、管理官方化和正规化，进一步促进了香药业的发展。

宋代社会经济的发展，特别是经济重心向南方的转移，东南地区经济的崛起，为宋代海外贸易的发展奠定了直接的物质基础。宋代造船技艺的改进、造船规模和船舶载重量的提高使当时海运能力大大增加，而船舶性能的更新和航海技术的进步，尤其是指南针在航海中的运用，使航海活动更加准确和安全，为宋代海外贸易的发展提供了更好的技术保障。宋代政府开放国门，鼓励海外贸易，希望通过海外

宋 清明上河图（局部，北京故宫博物院 藏）

贸易增加收入，以解决财政危机，并因此建立了完备的贸易管理制度，制定了一系列鼓励贸易发展的措施。所以，宋代与东南亚诸国、阿拉伯等地的海外贸易繁荣兴盛。

由此，各种香药通过海上之舟大量运入中国，如真宗天禧二年，仅三佛齐国使节携来的乳香就有81680斤；南宋高宗绍兴二十五年，从占城运进泉州港的商品中，仅香料一项即有沉香等七种，共65000余斤；1974年泉州湾出土宋代海船遗物中，香药有降真香、沉香、檀香等，占出土遗物的绝大多数，未经脱水时其重量达4700多斤。宋代香药进口之多，可见一斑。

清明上河图局部　治酒所伤真方集香丸

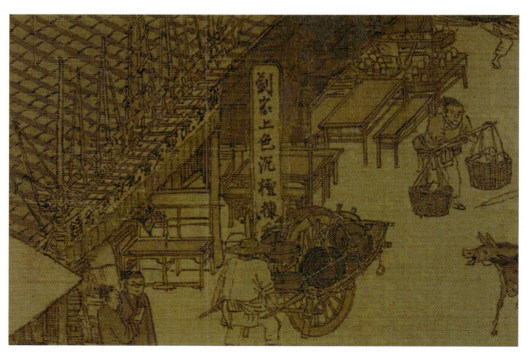

清明上河图局部　刘家上色沈檀楝香

清明上河图局部　香醪（酒）

清明上河图局部　香饮子

宋代平民百姓生活水平的提高，为他们消费使用香药提供了经济条件。宋代鼓励垦荒，实行不抑兼并的土地政策，耕地面积扩大，生产效率提高，特别是江南地区的农业有了巨大的增长，出现"苏湖熟，天下足"的局面，整个农业生产有了显著进步。农业的发展带动了手工业和商业的进步。在手工业中宋代民营手工业得到前所未有的发展，唐代开始兴盛并以民间经营为主的制茶业在宋代继续增长，成为在社会经济中产生重要影响的行业。宋代制瓷业的发展不仅表现在窑址的显著增加，工艺技术的创新，还表现在民窑比例的大幅提高，以及江南地区，特别是两浙、福建、广南等沿海地区制瓷业的兴起。此外，宋代的纺织、制盐、酿酒、造船、矿冶等行业都有了很大发展。宋代商品经济繁荣，商业的进步更加显著。商业信用不断发展，历史上第一种纸币交子、会子应运而生，延续两千多年的坊市制度彻底瓦解，城乡市场繁荣，区域市场出现，商业在社会经济中的作用日益提高。同时，由于租佃制、募兵制的推行，宋代农民相对地从国家的羁绊下摆脱出来，兵役负担大大减轻。又由于厢军担负了相当繁重的修河、筑路、运输、官办手工业的劳役，农民力役负担、手工业者强制性劳役也相对减轻。由于宋代商品经济的发展，独立工商业者得到国家的承认，社会地位大为改观。

正是由于宋代农业、手工业和商品经济的发展，以及赋役负担相对减轻，所以宋代农民、手工业者、商人等平民百姓的生活水平有了一定的提高，从而为他们消费使用香药提供了物质条件。

龙涎香：名香出海隅

龙涎香的来源颇为传奇。宋人周去非在《岭外代答·卷七·龙涎》中记录："大食西海多龙，枕石一睡，涎沫浮水，积而能坚。鲛人采之，以为至宝。新者色白，稍久色紫，甚久则黑。因至番禺尝见之。不薰不莸，似浮石而轻也。"元代人汪大渊《岛夷志略龙涎屿》也载：在今印尼苏门答腊岛北部近海，有一座叫龙涎屿的小岛，"每值天清气和，风作浪涌，群龙游戏，出没海滨，时吐涎沫于其屿之上，故以得名。涎之色或黑于乌香，或类于浮石，闻之微有腥气。"

上文所指的"龙"实际上是抹香鲸。一头抹香鲸每天要吃大约1000千克的食物。1993年，科学家在调查被杀死于大西洋北部亚速尔群岛海域的17头抹香鲸的胃内物时，发现了29000只乌贼，种类多达40种。

乌贼被抹香鲸吃掉后，除了喙状口器、眼晶状体和坚韧的内脏羽状壳等未被消化，其身体其他部分在抹香鲸的消化系统中被迅速分解。抹香鲸有四个胃，与牛等反刍动物类似，食物在经过一个胃到达另一个胃的途中被一步步消化。因此，抹香鲸的胃里充满未消化的食物残渣并聚合成团。很多资料显示，抹香鲸每隔几天就会把这种残渣块呕吐到海洋里。但实际上龙涎香的形成过程远非如此简单。科学家发现，抹香鲸体内的乌贼坚硬口器偶尔会裹挟着一些残渣进入抹香鲸的肠道，这种不易消化且带齿的残渣团块在经过肠道时可能划破抹香鲸的肠道，并刺激肠道分泌出蜡状物将其包裹起来。残渣团块随后沿着肠道推进时逐渐变成固态，并将直肠堵塞。随着粪便在残渣团块后不断堆积，胃肠道不得不从肠脏吸水。渐渐地，残渣团块就变成了结石般光滑鹅卵石状。而这时粪便就可以从"结石"和肠壁之间的缝隙通过了。同样的过程不断重复，"结石"逐渐长大，最终形成龙涎香，被抹香鲸吐出或随抹香鲸粪便排出。还有一些情况下，形成的龙涎香会封住抹香鲸的肠道，直到其肠道破裂后才被排到海水里。原始的龙涎香可能体积巨大，有人曾发现过近半吨重的原始龙涎香。由于上述过程仅发生在大约百分之一的抹香鲸身上，所以龙涎香十分罕见和珍贵。

龙涎香非我国所产。我国最早发现的龙涎香可追溯至汉代，渔民在海里捞到一些清香四溢的灰白色蜡状漂流物，此物干燥处理后能发出持久的香气，点燃时更是馨香四溢，远胜诸香。于是地方官员将龙涎香当作宝物上贡给朝廷，用作宫廷香料和药物。那时人们并不知道这是什么东西，而当时的宫廷炼丹术士说，这是海里的龙在睡觉时流出的口水，滴到海水中凝固起来，天长日久就变成这个样子了。于是，这种奇异的东西就被中国古人取名为"龙涎香"。

宋人松月图（台北故宫博物院 藏）

宋元之时龙涎香才为正史所载，《宋史》（卷119）"绍兴七年，三佛齐国乞进章奏赴阙朝见，诏许之。令广东经略司斟量，只许四十人到阙，进贡南珠、象齿、龙涎、珊瑚、琉璃、香药"。按宋人张世南《游宦纪闻》云："诸香中龙涎最贵重。广州市直每两不下百千，次等亦五六十千，系番中禁榷之物，出大食国近海傍。"宋元时期，我国对外贸易活跃，龙涎香始入中土，缘其难得，遂为宫中珍品。《宋稗类钞》载"宣和中，宫中重异香"，广南（东）路遂以龙涎香贡上，太上徽宗"始奇之"，宫内"大趫（宦官）争取一饼，可直百缗。金玉为穴而以青丝贯之，佩于颈，时于衣领间摩挲相示以为夸炫"。龙涎香本出于阿拉伯地区，海上贸易舶至中国，成为新的奢侈品。

宋代词人王沂孙有一首极为著名的咏物诗《天香·龙涎香》，借咏龙涎香暗寓了故国之思。

孤峤蟠烟，层涛蜕月，骊宫夜采铅水。讯远槎风，梦深薇露，化作断魂心字。

红瓷候火，还乍识、冰环玉指。一缕萦帘翠影，依稀海天云气。

几回殢娇半醉。剪春灯、夜寒花碎。更好故溪飞雪、小窗深闭。

荀令如今顿老，总忘却、樽前旧风味。谩惜余熏，空篝素被。

词中"孤峤"指的就是传说中龙所蟠伏的海洋中大块的礁石。"蟠烟"，意为蟠绕的云烟，就是龙上罩护的云气。《岭南杂记》中有载，"龙涎于香品中最贵重，出大食国西海之中，上有云气罩护，下有龙蟠洋中大石，卧而吐涎，飘浮水面，为太阳所烁，凝结而坚，轻若浮石，用以和众香，焚之，能聚香烟，缕缕不散。""薇露"，意指蔷薇水，是一种制造龙涎香时所需要的重要香料。"心字"是篆香的一种形状，明杨慎《词品》曾云："所谓心字香者，以香末萦篆成心字也。""红瓷"，指存放龙涎香之红色的瓷盒。"候火"，指焙制时所需等候的慢火。《香谱》说龙涎香制时要"慢火焙，稍干带润，入瓷盒窨。""小窗深闭"隐含了《香谱》中所说焚龙涎香应在密室无风处。"谩惜余熏，空篝素被"，指的是古人将被子放在笼上熏。篝，是指熏香所用的熏笼。词的上阕在一缕香烟的萦回缥缈中，把对龙涎香制作的过程做了总结。叶嘉莹曾评此词"于结尾之处，写一种难以挽回的悲哀，让人低回宛转、怅惘无穷，所写的主题虽然只是无生命、无感情的龙涎香，多借用典故，但在丰富的想象和精心地组织和安排下，让物有人情。"

龙涎香的功用也很神奇。大食人用其调制香膏和化妆品，并将其用于烹调食物。龙涎香虽本身不香，但因其特殊的胶结性能，配制其他香药时，能散发众香，经久不绝。唐宋时人们用龙涎香配制香料和香烛，据说香气数十年犹存。《铁围山丛谈》记载了一则赐香药趣事。宋徽宗政和年间，内侍发现皇帝收藏各种珍品的奉辰库中，有两大块龙涎香。宋徽宗只知其用不知其珍，就大方地分赐大臣、近侍。谁知过了一会，取豆大之粒焚之，竟放出奇异花香，芬郁满座，香气良久不减。宋徽宗大为惊喜，才知是奇香珍品，忙令全部收回，使众人空欢喜一场。

龙涎香还有一个医用价值就是消暑。但因龙涎价值昂贵，医生大都不用它。据说唐懿宗同昌公主，使用涂有龙涎香的澄水帛，消暑效果很好。唐末人苏鹗《杜阳杂编卷下》有如下记载。同昌公主在长安宴请夫君韦宝衡亲族，当时正值盛夏酷暑，虽珍食满桌，但众人因暑热难有食欲。于是公主叫人取来澄水帛，将其浸水后挂在南窗，不多时室内气温骤降，以至人们都想加衣服。暑消后食欲大涨，诸餐桌都不断添食。此说不免夸张，倒有可能是澄水帛散发的芳香之气，沁人心脾，令人兴奋，忘却了对热的感受。苏鹗听说或见过澄水帛，他记载："澄水帛长八九尺，似布而细，明薄可鉴。云其中有龙涎，故能消暑也。"说的就是在澄水帛上涂有龙涎香，随处挂用以消暑。

龙涎香因其非凡的气味和强力的固香性能备受香水商的追捧，几个世纪以来，龙涎香一直被用作香水原料、治疗药、催情药、燃香和香料。

渐微于明：香至明代再无高峰

明代是继宋代之后又一域外香料朝贡的高峰期，对当时的国家政治、经济影响深远，意义重大。香至明代再无高峰，但两大创举却令后人叹为观止。首先是宣德年间的铜炉器，3000个铜炉器几乎囊括了自汉代以来的所有器型，其做工、用料堪称绝佳，这就是史上著名的"宣德炉"。其次就是由香学大家周嘉胄搜集整理的香学巨著《香乘》。

郑和出使西洋，促进中外香贸发展

明代永乐、宣德年间，郑和曾多次出使西洋，途经亚非30多个国家和地区，航程甚至到达非洲东海岸、赤道以南的木骨都束国（今索马里摩加迪沙一带）。郑和七下西洋较以往商贩走得更远，他带回了无数的奇珍异宝与异国特产，拓展了明代海外贸易范围，这不仅增强了明代与西洋各国的经贸交流，还促成了明代香料朝贡贸易的繁荣。

马欢精通波斯语、阿拉伯语，曾作为通事、教谕跟随郑和出使西洋，在其所著书中有记载说，郑和船队所到达的印度洋沿岸、东南亚、东非诸国均是香料产地，如索马里素以香料之角著称，印尼马鲁古群岛即称香料群岛，西亚、红海、波斯湾一带则是古代闻名于世的盛产香料之地。有些国家更是某种香料的特产地，如：旧港国的金银香，"中国与他国皆不出"；占城国的伽蓝香（沉香的一种），"惟此国一大山出产，天下再无出处"；柯枝国"土无他产，只出胡椒，人多置园圃种椒为业"；苏门答剌国"胡椒广产"。香料是这些国家或地区的经济支柱，它们非常欢迎郑和船队到来并与之进行贸易。故永乐帝"大赍西洋，贸采琛异，命郑和为使"，由是"明月之珠，鸦鹘之石，沉南、龙速之香，麟狮、孔翠之奇，梅脑、薇

陶制青蛙香插

铜香盒

露之珍，珊瑚、瑶琨之美，皆充舶而归"。当时明朝与海外各国进行的香料交易主要采取以物易物的形式，史书"西洋交易，多用广货易回胡椒等物，其贵细者往往满舶，若暹罗产苏木、地闷产檀香，其余香货各国皆有之"。

郑和有目的地进行香料朝贡贸易，极大地推动了当地香料经济的发展，扩大了香料朝贡贸易的品种，实现了明朝与西洋诸国的物资交流和地域产业经济分工。

从马欢等随团出访西洋人士的记载来看，当时到访的很多西洋国家生产力水平低下，对自然资源的价值缺乏认知，也缺少可科学开发资源的生产工具，故此，郑和便需带着随从入山采香。例如：与满剌加国接境的九洲山属于雨水充沛、林木茂盛的热带雨林地区，是产沉香、黄熟香的胜地，但此地居民还处于靠渔猎采集为生的原始社会，山中原著并不知这些香材的商业价值，《星槎胜览》记载："永乐七年，正使太监郑和等，差官兵入山采香，得茎有八九尺长者、八九尺大者六株，香清味远，黑花细纹，其实罕哉！番人张目吐舌，悉皆称赞天兵之神，蛟龙走，兔虎奔也。"由此可见，这些深居丛林的番人不知如何利用金银、瓷器、丝绸与茶叶，不懂贸易。郑和在他们的领地采香，不仅促进了当时中外香料贸易，还推动了当地香料经济发展。

西洋香料大多是明朝不产的稀罕之物，郑和用明朝的瓷器、丝绸、茶叶或银两与他们进行交易，并在交易的同时，宣扬了明朝强盛的国力，传达了明朝皇帝"怀柔远人"的精神。故当时因仰慕明朝强盛，多数国家或地区都愿与明朝展开邦交。据资料记载，满剌加国王为表诚意，不仅亲力亲为采办珍物，并携妻负子、带领头目跟随郑和的船舶赴阙进贡；南浮里国王亦常跟宝船，将降真香等珍物贡于明朝。爪哇、暹罗、旧港等国家或地区的国王或首领将香料等方物差人贡到明朝也是屡见不鲜，为明朝中后期中外香料贸易的发展奠定了基础。

郑和出使西洋、宣扬德化的同时，通过香料朝贡贸易让域外香料生产地区看到了明朝对香料的需求，促使他们纷纷带着香料之类的物产到明朝来朝贡贸易。据《西洋朝贡典录》记载，当时外国朝贡的物产中有一半左右是香料，这种繁荣的香料朝贡贸易增强了明朝与世界的经济文化交流，扩大了当时明朝在全世界的影响范围，香料将明朝与世界联系到一起。

郑和下西洋不仅在明代对外政治、经济与文化交流史上具有重要意义，并且在明代香料朝贡贸易中起到了重要作用。明代宫廷及民间对香料的旺盛需求，促成了郑和下西洋寻找海外香料。这一行为使海外国家认识到明朝的强盛，又进一步促进了中外香料贸易的繁荣发展。香料朝贡贸易带动民间香料贸易兴盛，是历史发展的必然结果。

炉瓶三事，桌案必备

香盒、香炉、香箸瓶的组合，被称为"炉瓶三事"，是明代文房清玩的典型设施，在明清时期的画作中常有描绘。炉为焚香之用，盒用来盛放香饼、香块等香品，香箸瓶则是方便放置香铲、香箸。香铲用来翻铲炉中的香灰，香箸用于夹取香品。曹雪芹《红楼梦》第五十三回有描写：宁国府除夕祭宗祠，荣国府元宵开夜宴。厅上有席，席旁设几，几上有炉瓶三事，焚香，小盆景内有布满青苔的宣石。元宵节时，"这里贾母花厅之上摆了十来席，每席旁边设一几，几上设炉瓶三事，焚着御赐百合宫香。"

元、明以前，炉、瓶、盒三件器物，还没有形成固定的组合方式。宋代香事中，与香炉组合的是香盒。香盒小巧精美，加上盒中香丸、香饼的淡雅气息，使人心灵感受到宁静平和，深受宋代文人所喜爱。在宋代绘画中，常见香炉与香盒一起摆放在香几、书案上。南宋刘松年《秋窗读书易》中，书桌上摆放着香炉与一个精巧的香盒，没有盛放焚香工具的瓶。宋人《水亭琴兴轴》中，一人坐于水榭中观赏风景，其前置一香几。香几上有香炉、香盒。除了香炉、香盒的组合，香炉与瓷瓶的搭配，也是以文人雅趣为主旨的一套组合。与明清"炉瓶三事"中瓶的用途不同，宋代与香炉组合的瓶中插的不是焚香工具，而是应季节变化的时令花草。

宋代诗人葛绍体《洵人上房》中，描述了几件宋代文人雅士生活中的风雅之

清中期 玉镂雕山水人物香囊（台北故宫博物院 藏）

物："自占一窗明，小炉春意生。茶分香味薄，梅插小枝横。有意探禅学，无心了世情。不知清夜坐，知得若为情。"一炉香、一盏茶、一瓶花，构成了宋人士人幽趣、风雅的生活。在宋人的审美品位中，焚香用的香箸、香匙，不适合与养心的香炉、花瓶同时摆放在书房的养眼处。盛放香箸、香匙的箸瓶与香炉组合，从元代开始兴起。

在元人绘制的《画冬室画禅》中，桌上摆置香炉、箸瓶，瓶内插着香箸、香匙方便焚香使用。元人将香箸、匙放入小瓶中，应该是受宋人食具摆设的影响，元人孔齐《至正直记》中记载：宋季大族设席，几案间必用箸瓶、渣斗，或银或漆木为之，以箸置瓶中。元人绘制的《听琴图》中，一童子手捧着香盒立在香几前，左手捏一颗香丸放入香炉中。香炉边有两个小瓶，其中一个小瓶内插着焚香的工具。另一个应该是用来插花的花瓶。到了明代，香炉、香盒、箸瓶及香箸、香匙的固定组合已经定型，"炉瓶三事"成为明人居家生活中不可或缺的陈设品。

明人有意效仿宋时香炉与瓶花搭配的幽雅，也常将花瓶与"炉瓶三事"摆放在一起。明代高濂《遵生八笺》对文人书房的陈设有这样的描写："几外炉一，花瓶一，匙箸瓶一，香盒一，四者等差远甚，惟博雅者择之。然而炉制惟汝炉、鼎炉、戟耳彝炉三者为佳。大以腹横三寸极矣。瓶用胆瓶、花觚为最，次用宋磁鹅颈瓶，余不堪供。"

明代生活中香的使用相当普遍，在厅堂、卧室、书斋、庭院中都有炉瓶三事的影子，甚至外出郊游，"炉瓶三事"也成游具中的必备之物。明人焚香的地点，已经遍及整个住家。香不只作为居室之用，也常出现在庭院之中，文人在庭院乘凉、抚琴、赏花，总有香相伴。

胡椒：以物代俸的"硬通货"

中国人对胡椒的喜爱由来已久。胡椒自汉代传入中国，唐时专属上层贵族所用，宋元时期成为身份的象征，直至明代，胡椒真正进入日常百姓的生活。

胡椒曾作为货币折支官员俸禄

明代郑和下西洋带来了繁盛一时的朝贡贸易，包括今天印尼在内的广大东南亚国家都曾向明朝廷进贡过胡椒，数量之大远胜前朝，这些胡椒都堆积在朝廷的库房里，为了充分利用这些异域香料，朝廷便决定以胡椒、苏木等香料来代替银两，给官员发放俸禄或者赏赐，以此解决朝贡贸易带来的财政危机。

《明宪宗实录》卷八载："天顺八年八月甲辰，赏京卫官军方荣等，胡椒一千二百四十四斤，以造裕陵工完也"；《明仁宗实录》卷二载："永乐二十二年（1424）九月乙酉，赐汉王高煦、赵王高燧各胡椒五千斤、苏木五千斤；赐晋王济熿胡椒、苏木各三千斤"；《明仁宗洪熙实录》卷二中载："赏旗军校尉将军力士等胡椒一斤苏木二斤，监生生员吏典知印人才天文生医士胡椒一斤，苏木二斤，城厢百姓、僧道、匠人、乐工、厨子等并各衙皂隶膳夫人等胡椒一斤，苏木一斤"，

清 白玉香炉、香盒及瓶（台北故宫博物院 藏）

甚而外地在京听选及营造的校军并各主府校尉人等各胡椒1斤，苏木2斤，朝贡公差在京的生员吏典胡椒1斤。

　　元代马可波罗游记中记载杭州每日所食胡椒四十四石，每担价值二百二十三磅。明初胡椒被视为与人参、燕窝等价，官商之间彼此迎来送往时，1斤胡椒，成为厚礼。胡椒身价昂贵时，甚至可以抵价给朝廷缴纳田赋，与白银、布帛一样成为"硬通货"。

胡椒的财富象征

唐宋时期，依赖于进口的胡椒价格昂贵，专属上层社会使用。东南亚各国使节出使中国时经常将胡椒作为贡品。胡椒不仅被视为珍稀药物，还是财富的象征，人们甚至会囤积胡椒来攫取财富。

《新唐书》记载："（代宗）籍其家，钟乳五百两，诏分赐中书、门下台省官，胡椒至八百石，它物称是。"这段史籍描写的是唐代宰相元载因贪污渎职等罪行被朝廷抄家时，抄出了八百石胡椒。苏东坡有诗云："胡椒八百斛，流落知为谁"，也就是从这里来的。南宋袁枢的《通鉴记事本末》记载，元载被砍头时，行刑的刽子手问他还有什么要求，他央求到："希望让我死得痛快些！"刽子手说，那倒不难，不过要委屈相公。于是，剥下他的臭袜子，塞进他的口中。然后，刀光一闪，人头落地。宋朝罗大经在他所著的《鹤林玉露》一书中为此做了一首诗加以嘲讽："臭袜终须来塞口，枉收八百斛胡椒"。

明王鏊《震泽长语》中记载明朝太监钱宁被籍没家产时，其中有"胡椒三千五十石"，王鏊感叹："胡椒八百斛，世以为侈也，而盛传之。今观二逆贼所籍，视元载何如也。"《金瓶梅》中，西门庆盖房子时，李瓶儿将自己藏着的40斤沉香，20斤白碧，两罐子水银，80斤胡椒拿出来卖钱，替他凑钱盖房子。由此可知，胡椒在当时属于贵族用品，跟古代罗马贵族类似，很多士大夫家庭都会囤积胡椒以显示自己的财富和身份。

胡椒的食用价值

常见的胡椒有绿胡椒、黑胡椒、白胡椒以及红胡椒，它们产自同样的胡椒树，但因为采收的时间不同，口味有所区别。其中常见的黑胡椒采收自果实成熟前，保留了外皮，因此辛辣味更浓；而白胡椒则是果实完全成熟后的胡椒脱去外皮之后干制而成，味道相对温和。

北魏年间的《齐民要术》，是现存最早的一部完整的农书，总结了公元6世纪以前黄河中下游地区农牧业生产经验，书中就有烤羊肉用胡椒佐料的食用方法。

唐朝人崇尚胡食，在食肉的时候往往加入胡椒等香料。据《酉阳杂俎》记载，"胡椒……形似汉椒，至辛辣。六月采，今人作胡盘肉食皆用之。"

对胡椒的用法，明代有较多介绍。在烹调鱼肉等食材时，胡椒被大量使用，以压制腥味。《遵生八笺》中就介绍了使用胡椒的菜肴做法。"蟹生。用生蟹剁碎，以麻油熬熟，冷，并草果，茴香，砂仁，花椒末，水姜，胡椒，俱为末，再加葱、盐、醋，共十味，入蟹内拌匀，即时可食。"明代胡椒被普遍食用，不但宫廷、官吏阶层食用，在一般平民中也普遍食用，李时珍编纂《本草纲目》时，胡椒已是"今遍中国食品，为日用之物也"。

胡椒的药用价值

东晋葛洪在《肘后备急方》中，留下了胡椒的药用记载："孙真人治霍乱，以胡椒三四十粒，以饮吞之"。《本草纲目》认为胡椒"实气，味辛，大温，无毒。"李时珍罗列了一些胡椒的药用价值，如霍乱、牙痛、心腹痛、冷气上冲等。孙思邈《千金翼方》中记载，"胡椒：味辛，大温，无毒，主下气温中，去痰，除藏腑中风冷，生西戎，形如鼠李子，调食用之，味甚辛辣，而芳香当不及蜀椒（即花椒）"。

宋朝的医书《太平惠民和剂局方》，对当时辛辣味食品的流行起到了引领作用。书中专门谈到，取酸辣汤的醒酒、消食的功用，加入肉类补气补虚，再辅以生姜、胡椒、八角、肉桂等调料辛香行气，可以舒肝醒脾。北宋定都开封，商品经济有了长足发展，而民间小吃也随之兴盛，花样百出。胡椒就是一道美味的调味品。故此河南胡辣汤的主要口味是酸和辣。一种结合了具有醒酒消食功效的酸辣汤的肉粥，成为胡辣汤的雏形。

胡椒树

干胡椒

第二章

述香用

以香为使

在宗教领域里，使用香的历史非常久远。各种气味美好的香料，是来自天地慈悲的恩赐；通过献祭的仪式，在袅袅上升的芬芳烟雾中，世俗的人们与神的世界搭起一座桥梁。为了净化、沟通和表达人们的虔敬心意，焚烧与运用其他方式来使用香料，成为世界上许多宗教与民族的宗教仪式上广泛、常见的景象。

沉香摆件

沉香：众香之首

自古以来沉香就是香的代表，有"众香之王"的美誉。沉香最初被人们用于熏衣，随着文明的演变，渐渐大量使用于宗教。沉香的神秘不仅来自它神奇的香味及独特药性，沉香既可通窍，又能避邪化煞安魂魄，是唯一能通三界的香气。所以在宗教仪式中，把焚燃沉香视为奉拜神灵的至高礼仪。沉香是世界五大宗教——佛教、道教、基督教、伊斯兰教、天主教一致认同的稀世珍宝。沉香，自然瑰宝，木中舍利，是大自然馈赠给我们的最宝贵的礼物。

沉香与佛教

《维摩诘所说经》卷下《香积佛品》记载，香积佛居住在上方四十二恒河沙佛土之外的众香国，国中无有声闻辟支佛名，惟有清净大菩萨众。众香国的香气，在十方世界的香气之中，是第一微妙殊胜的。在此佛土中以香作楼阁，及步道、楼阁等一切建筑，及至食物皆由香所成，他们所食的香气，同流十方无量世界。香积佛以众香说法，国中众菩萨坐在香树下闻诸妙香，即具足一切功德。

佛教《法华经》卷十九《法师功德品》中有详述，说明沉香以唯一能通三界的香气而著称，是佛教中重要的供养之一。沉香气味美好，能祛除种种不净。佛教界一般于参禅静坐或诵经法会时取沉香末或片用以熏坛、洒净、燃烧。沉香香材通常制作成佛珠佩挂于身或腕处，于诵经时轻拨佛珠，沉香受体温加热，同时散发香气以定心安神驱邪秽。

沉香与道教

道教认为可通三界之香，为沉香、檀香、降真香，而以沉香为最。道教在驱邪降魔的仪式中焚烧沉香，并以铜制容器盛装沉香，终日点燃，象征天地间和合而盈盛之气，称为"氤氲缭绕"。在道家养生中，沉香是修持中悟入圣道必备的珍品。其另一项用途为雕刻神像、制作木质法器等。

沉香与基督教

世界各大宗教典籍多有关于沉香的记载，即如《圣经》也称沉香乃"耶和华所植"。在《圣经》故事里，犹太公主莎乐美与圣子约翰在遍植沉香的圣殿花园重逢。约翰殉道后耶稣降生，《约翰福音》第十九章三十九节提到尼哥德慕带着约有一百斤的没药和沉香，于先前夜里去见耶稣，他们就照犹太人殡葬的规矩，用细麻布加上香料将耶稣的身体裹好。沉香是基督降世以前，三位先知带来人世间的三件宝物（沉香、没药、乳香）之一。而用细麻布与沉香，没药裹尸，据说可以净化灵魂，也是中东地区自古就有的丧葬习俗，代表对亡魂的高度礼赞。因此耶稣死后，后世有论者认为是因为沉香与没药的芬芳，使耶稣死而复生，重新得力。

《圣经》说，古代的人会用沉香把衣服和床铺熏香。《圣经》提到的沉香出自一种树，这种树在腐烂的过程中，会分泌出芳香的油和树脂。人们会把这种树木磨成粉末出售，磨成的粉末就叫沉香。《圣经》将以色列人的营地比作"耶和华栽种的沉香树"，这可能跟沉香树的形态有关。这种树很高大，可以长到约34米高，而且枝叶繁茂。现代的以色列一带没有这种树，但《圣经词典》说，在古代富庶的约旦河谷，人们可能种植过这种树。

檀香：旃檀妙香

檀香在佛教文化中，占有重要的地位，有以檀香命名的佛教经书，也有佛、菩萨的名号以檀香命名；用檀香供养佛塔者，功德无量，檀香甚至可以指代佛教。僧侣们也以檀香为轴，装理经书。《续高僧传》卷二十八云："释法泰，眉州隆山县人也，俗姓吕氏。……泰至城都装潢，以檀香为轴，表带及帙并函。将还本寺，别处安置，夜夜有异香。"檀香不仅成为佛、菩萨与信徒之间在精神上沟通的重要桥梁，也是佛教东传的过程中的重要载体，而在佛教发展的历程中，檀香也起了至关重要的作用。

檀香取自檀香属植物的心材，具有浓郁而持久的独特香气，可制作香料及各种器具，也可入药。在中国古籍中，檀香也被称作"旃檀""栴檀""震檀"，系直接自梵文"Candana"音译而来。古今文献记载以及人们日常提到的檀香，一般都是由檀香树的心材加工而来。

檀香的种类，有白檀、紫檀、黄檀三种。慧琳《一切经音义》卷二十七云："旃檀那，谓牛头旃檀等，赤即紫檀之类。白谓白檀之属。"年头旃檀即黄檀，不常用，常用的仅有白檀和紫檀两种。白檀木材极香，是檀香科常绿小乔木，其主干和根均含有芳香油，常被用来焚香或制香水。紫檀是豆科的常绿大乔木，其芳香不及白檀，但因产量稀少，故极其名贵，常被用于建造佛塔，制作香炉、供品盒等器物。

在佛教文化中，香有着特殊而重要的作用。佛教中用香来象征修行者持戒清净的戒德之香，乃至圣者具足解脱、智慧的五分法身，可以说是解脱者心灵的芬芳。例如，在《佛说戒德香经》中，佛陀就以香来比喻持戒之香，不受顺、逆风的影响，能普熏十方。在《六祖坛经》中，也以香来比喻圣者的五分法身，即戒、定、慧、解脱、解脱知见。又因香的气味能熏染真物，有使环境芬芳美好的特质，也被用来比喻念佛者以念佛的缘故，熏染如来的功德，就是所谓的"香光庄严"。

香由于其所代表的美好特质，在佛教中就成了供养诸佛菩萨的重要供品之一，

元人应真像（台北故宫博物院 藏）

甚至以香为说法譬喻、修持方法，让人依此而悟入圣道。人们在佛前焚香不断，用终日馨香缥缈来表达对佛的无限敬意，信徒们不仅要持香供佛，在日常生活中也要焚香来制造修行的良好环境。

据现存唐诗记载，檀香是寺院常烧之香。白居易《游悟真寺诗》："次登观音堂，未到闻旃檀。上阶脱双履，敛足升净筵。"贯休《经旷禅师院》："迩来流浪于吴越，一片闲云空皎洁。再来寻师已蝉蜕，薝卜枝枯醴泉竭。水檀香火遗影在，甘露松枝月中折。"所烧檀香多为白檀香，且是经过修制的香品，据陈敬《新纂香谱》卷一"修制诸香"载，檀香多被判成米粒大小的颗粒状，或者削成薄片子，再放入白蜜进行炼制，成形后，多为丸状或片状的香品，"檀香，细剉（如米粒许），水一升，白蜜半升，同于锅内煎五、七十沸，焙干。檀香斫作薄片子，入蜜拌之，净器炉如干，旋旋入蜜，不住手搅动，勿令炒焦，以黑褐色为度。"焚香时，用炭火直接点燃香品或隔火熏香（将炭火和香品隔开，中间放一层用银钱、云母做的薄片，或玉片、砂片均可，这样通过隔片来慢慢熏烧香品，少了烟气，多了香气，也可慢慢享受熏香的宁静时光）。唐代除了白檀香香丸和香片外，还有白檀香所制的印香。制作时，把檀香粉末用模具压制成文字或图案形状。使用时，点燃一端即能按照文字或图案的顺序依次焚烧，从而散发檀香的香味。印香在唐代佛教祈雨仪式中具有重要的作用。据《酉阳杂俎》卷三载，唐代密宗高僧不空，就曾焚烧白檀香所制的图案为龙的印香进行念咒祈雨，"玄宗又尝召术士罗公远与不空同祈雨，互校功力。上俱召问之，不空曰：'臣昨焚白檀香龙。'上令左右掬庭水嗅之，果有檀香气。"唐代诗僧齐己也曾焚烧檀香所制印香，《自贻》云："时添瀑布新瓶水，旋换旃檀旧印灰。晴出寺门惊往事，古松千尺半苍苔。"

佛教自东汉传入中国，经过东汉后期和魏晋南北朝的传播和发展，至唐代，已和中国的本土文化进一步融合。唐代是佛教发展的鼎盛时期。作为佛教圣地的印度地处湿热地带，是香料的主要产区之一。香料与佛教香文化也随佛教的传入而为人们认识和利用。香在佛教中备受推崇，佛经以香喻理法、僧人焚香助修行、寺院法事活动更要焚香通达神明，"佛氏动辄烧香，取其清净"佛经中有香的丰富记载，常借香作为参透佛理的启示；僧人诵经念佛、打坐修行和寺院的佛事活动都需要焚香。许浑写僧人："开殿洒寒水，诵经焚晚香。"据《杜阳杂编》载，代宗奉佛"每春百品香，和银粉以涂佛室"。皇甫冉《寄振上人无碍寺所居》："独坐焚香诵经处，深山古寺雪纷纷。"白居易《戏礼经老僧》："香火一炉灯一盏，白头夜礼佛名经。"刘长卿写僧尼："却对香炉闲诵经，春泉漱玉寒泠泠。"欧阳炯写高僧："时揥大绢泥高壁，闭目焚香坐禅室。"可以想见禅室之中必是焚香不断，佛寺之地必是香烟缭绕。王昌龄写僧房有"空中闻异香"句，又如"禅室吐香烬，轻纱笼翠烟""真僧出世心无事，静夜名香手自焚""僧家竟何事，扫地与焚香""几生通佛性，一室但香烟"等诗句均描述了僧人焚香、禅室燃香的情景。

乳香：最接近神的气息

乳香，系阿拉伯语luban的汉译名称，主要产于阿拉伯南部沿岸一带，是早期阿拉伯对外贸易的重要商品。

乳香又叫薰陆香。沈括的《梦溪笔谈》肯定了薰陆香即乳香："薰陆即乳香也，本名薰陆。以其滴下如乳头者，谓之'乳头香'；熔塌在地上者，谓之'塌香'。如腊茶之有滴乳、白乳之品，岂可各是一物?"《广志》云："即南海波斯国松树脂，有紫赤樱桃者，名乳香。盖薰陆之类也。"

谢弗在《唐代的外来文明》一书中有观点认为，乳香是南阿拉伯树以及与这种树有亲缘关系的一种索马里树产出的树脂。在中国这种树有两个名称，一是从梵文"kunduruka"翻译来的薰陆，另外一个名称是形容其特有的乳房状外形的乳香。

《南方异物志》称乳香出自大秦："薰陆出大秦国，在海边，有大树，枝叶正如古松，生于沙中，盛夏木胶流出沙上，状如桃胶，夷人采取卖与商贾，无卖则自食之。"《广志》则认为乳香同产于岭南的交州地区：薰陆出交州，又大秦海边人采与贾人易谷，若无贾人，取食之。薰陆香又常常被认为是波斯的物产，如《隋书》卷八十三《西域传》云：波斯国，都达曷水之西苏蔺城，即条支之故地也。土多薰陆、郁金、苏合、青木等诸香。乳香常常用于焚烧或用作香药，万安州大首领冯若芳就曾以乳头香为灯烛。关于其在医学上的用途，《广志》中载："其性温，疗耳聋、中风、口噤、妇人血气，能发酒，理风冷，止大肠泄。"

西汉时期，张骞通使西域后，外域香料开始通过陆上丝路不断输入中国。较早记载乳香的是《魏略·西戎传》，见于西晋陈寿《三国志》卷三十《魏书》裴注所引文，文中记载乳香出于大秦。西晋嵇含在《南方草木状》也有类似记载。东晋葛洪《肘后备急方》卷五则记录了乳香用于治疗毒疮肿痛。这些记载表明，阿拉伯乳香至少在三国两晋时期阿拉伯已传入中国。此后，乳香不断传入中国。

乳香在宗教祭祀中被广泛地使用

北宋时道教发展迅猛，乳香从宋真宗时就被道教大量使用。丁谓《天香传》在记载宋真宗伪造天瑞祥符的闹剧时描述道场以沉香、乳香为本，龙脑和剂之，永昼达夕，宝香不绝馥烈之异非世所闻。陆游《老学庵笔记》卷二记载宋徽宗建造道观神霄宫时，乳香作为优礼道士的珍物到了予取予求的程度。

宋代平民在宗教信仰活动中也大量消费乳香。南宋时期，福建沿海的民众信奉明教，而在明教的礼拜仪式中，就有崇尚焚烧乳香的习俗。陆游《老学庵笔记》卷十云："闽中有习左道者，谓之明教……烧必乳香，食必红蕈，故二物皆翔贵。"陆游《渭南文集》卷五《条对状》亦云："（明教教徒）烧乳香，则乳香为之贵；食菌蕈，则菌蕈为之贵。"可见当时福建由于教徒们群起消费乳香和菌蕈，致使这两种物品的物价上扬。而据林悟殊研究表明，宋代的明教系由唐代的摩尼教演变而来。南宋时期摩尼教的传播地域极广，据陆游记载此教传播绝不限于福建一带，且各地名称不同，"伏缘此色人，处处皆有。淮南谓之二禬子，两浙谓之牟尼教，江东谓之四果，江西谓之金刚禅，福建谓之明教、揭谛斋之类，名号不一，明教尤甚。"摩尼教教徒众多，除了一般的贫苦民众外，还有"秀才、吏人、军兵，亦相传习"。摩尼教教徒将乳香用于礼拜仪式，对乳香的消费起到了积极的促进作用。

乳香

乳香具有很好的活血化瘀功效，是理气止痛、治疗骨伤之良药，广泛地运用于内科和骨伤医疗。王衮《博济方》卷二记载了乳香丸具有散滞气、利胸膈、化痰和顺元气的作用："乳香、沉香、没药、木香乌头、槟榔各一两"。庞安时《伤寒总病论》卷四记载"麝香半分，木香、丁香、沉香、乳香各一分"。意为乳香是治疗豆疮毒气不出、烦闷、热毒气攻、腰或腹肋痛等的五香汤中使用的主要香药之一。陈师文《太平惠民和剂局方》记载治妇人血海虚寒、面色萎黄等的神仙聚宝丹就使用了乳香："没药、琥珀、木香各一两，乳香一分"，而以乳香、没药为主的没药降圣丹能治打扑筋断骨折、挛急疼痛。王衮《博济方》卷五记载"麝香二十文，乳香一块皂子大，龙骨、虎骨各半两"，即指治一切刀斧所伤并久患恶疮的如圣膏也主要使用乳香。

宋代平民在医疗消费中所用的乳香呈上升趋势。首先表现在乳香在外科病救治时的广泛使用。从事体力劳动的平民难免会有跌打损伤等外科病症，"一人因结屋，坠梯折伤腰，势殊亟。梦神授以乳香饮，其方用酒浸虎骨、败龟、黄芪、牛膝、萆薢、续断、乳香七品，觉而能记，服之，二旬愈。"该人从梯子上掉落将腰摔折后情况十分危急，在服用乳香饮20天后就治愈了。可见乳香是治疗跌打损伤的特效药，也是平民生活中的常备药。《太平惠民和剂局方》卷八所载的很多医方如云母膏、太岳活血丹、没药降圣丹、万金膏等均含有乳香，用于治疗跌打损伤等病症。其次，乳香也被广泛用于治疗中风病。《太平惠民和剂局方》卷一中乳香应痛圆、乳香圆、乳香没药圆、乳香宣经圆等医方以乳香冠名，其疗效主要用于治疗由中风引起的口眼歪斜、手足麻痹、半身不遂等病症。再次，妇产科疾病也多用乳香入药。《太平惠民和剂局方》卷九所载的神仙聚宝丹、济危上丹、催生丹、琥珀黑龙丹等医方中均含有乳香，用于治疗妇人血气病、产后下血过多、难产、产后一切血病等。第四，乳香也被应用于治疗儿科病。《太平惠民和剂局方》卷十所载，含有乳香的定吐救生丹、钩藤膏、大天南星圆、辰砂茯神膏被用于治疗小儿惊风、呕吐等症。有现代研究表明，乳香的主要成分乳香树脂烃、乳香脂酸、树胶为阿糖酸的钙盐和镁盐、挥发油等，这些成分具有消炎、镇痛、升高白细胞的作用，并能加速炎症代谢渗出，促进伤口愈合。而跌打损伤、女子妇科、小儿呕吐惊风等病症，皆是平民日常生活中极易遇到的疾病，乳香在治疗这些疾病方面的卓越功效，使得乳香在平民医疗中的消费比重日益升高。

由此可见，乳香不论作为日用香料还是医用药物，在北宋社会皆有巨大的消费需求，并被广泛应用于宋人的日常生活、宗教祭祀活动及疾病医疗方面。

降真香：久成紫香，能降诸真

降真香，又名降真、降香、鸡骨香、紫藤香（非植物紫藤无关）。为豆科植物降香属含有树脂的木材。当降真香木受到纬度、土壤、气候、地形等环境因素或风、雨、雷、电及虫、蚁、鸟等外力侵袭受到感染时，树体本身为求自我保护，防止健康状况恶化，随即启动自身愈伤组织，分秘多种元素油汁后使其与堆积的养分结合，形成油脂固态凝聚物，然后再通过自身愈伤组织将之修复，最终长出新的组织。时间越久，油脂密度越高。与白木树身脱离后体积不等，形成各异含脂油物。

铜香炉

铜质、陶制香炉

"亦名鸡骨，与沉香同名。"

嵇含在《南方草木状》中描述降真香："紫藤香，长茎细叶，根极坚实，重重有皮，花白子黑，置酒中，历二三十年不腐败，其茎截置烟炱中，经久成紫香，可以降神"。嵇含所指降神，即有引降天上的神仙，也即"烧之感引鹤降"之意，也指降真可以提炼出至真至纯的香气。所以清人吴若仪在《本草从新》中记述为："烧之能降诸真，故名。"

降真香被视为能沟通神灵的灵香。燃一炷降真香能聚气凝神，激活脑细胞，有助于引导修行人快速进入修行境界，因而自古便是修道参禅者们用于辅助修行的珍贵香材。张籍诗云："醉倚斑藤杖，闲眠瘿木床。案头行气诀，炉里降真香。"又有"黄老徒周君景复居焉。迨八十年，不食乎粟，日唯焚降真香一炷，读灵宝度人经而已"。

东汉至魏晋南北朝，道教发展迅速。道教借鉴了佛教的诸多仪式，包括用香。道士在沐浴、修道、做法事的时候经常使用香料。《三皇经》中载：凡斋戒沐浴，皆当盥汰五香汤。五香汤法，用兰香一斤，荆花一斤，零陵香一斤，青木香一斤，白檀一斤。凡五物切之，以水二斛五斗煮，取一斛二斗，以自洗浴。此五香汤有辟恶，祛秽，除不祥，降神灵之效，用之以沐，并治头风。用香沐浴可以保持肉体干净，祛恶敬神。香汤沐浴是道教最常见的活动。

道教每天早晚不同时辰皆需烧香，"每日卯、酉二时烧香，三捻香，三叩齿，若不执简，即拱手微退，冥目视香烟"。烧香、观烟成为道教日常修行的功课。《登真隐诀》称香具有天真用兹以通感，地祇缘斯以达言的作用，可以帮助道徒与神明相交感。此外，烧香还有治病、除魔祛邪的功效。《太丹隐书洞真玄经》有记载："烧青木、薰陆、安息胶于寝室头首之际者，以开通五浊之臭，绝止魔邪之气，直上冲天四十里。此香之烟也，破浊臭之气，开邪秽之雾。故天人玉女、太一皇帝，随香气而来"。

设道场做法事朝礼时香是不可缺少的，而且有规范的焚香仪式。如成书于东汉初年的《太清金液神丹经》记载了斋醮仪式：祭受之法，用好清酒一斗八斤，千年沉一斤，沉香也。水人三头，鸡头也。皆令如法者，若用之。治取米令净洁，其米或蒸或煮之，随意，用三盘，盘用三杯，余内别盘盛。座左右烧三香火，通共一座，令西北向。

《云笈七签》"祭受法"云：凡朝礼先一日，以桃汤澡浴如法，并不得食葱、薤、韭、蒜、乳酪等。至其日，更洁衣服，执香炉，至靖户外，叩齿三通，微祝曰……便开门先进左足，至香案前置炉案上，执简平立，临目叩齿三通，存思玉童玉女在香案左右，即长跪三捻香，讫，起，平立。道教焚香不仅表示对天尊神明的礼敬，而且是道徒修炼的辅助手段。《三国志·孙策传》中，裴注引《江表传》言：道士于吉"往来吴会，立精舍，烧香读道书"。

唐代道教始终得到唐皇朝的扶持和崇奉，道观遍布全国，道教理论、科仪等各方面得到了全面发展，至玄宗朝达到极盛。道教的繁荣发展和唐代佛事用香的盛行促进了道教用香的兴盛。

道教认为有八种太真天香不同于世间凡香：道香、德香、无为香、自然香、清净香、妙洞香、灵宝慧香、超三界香。

在唐朝以前，降真香不属于大众消费品，贞观之治以后，唐朝许多诗人写下赞美降真香的诗句，如白居易就有"尽日窗间更无事，唯烧一注降真香"。曹唐有诗"红露想倾延命酒，素烟思蒸降真香，五千言外无文字，更有何词赠武皇"，称只有降真香配得上武则天。吕祖堂前殿供有道教祖师纯阳真人吕洞宾的塑像，殿内锦帐绣诗一首："金炉添炷降真香，吕祖宫内步虚长。仰望层霄鹤驾下，门转璇玑夜未鞅"。北宋政治家、军事家、文学家范仲淹也有诗描写降真香："潇洒桐庐郡，身闲性亦灵。降真香一注，欲老悟黄庭"。诗人薛逢《题春台观》："殿前松柏晦苍苍，杏绕仙坛水绕廊。垂露额题精思院，博山炉袅降真香"等等。满清入关后，清朝皇室严禁百姓用降真香，只有帝后专享，但也有文武百官立功表现好之后，龙颜大悦赏赐一两根降真香，用来放在水缸里净化水质，起到防治瘟疫的效果，称之为"缸香"。此时的降真香主要靠云南各地的土司进贡，因为大清朝闭关锁国，禁止海运，只有靠陆路，《清史稿·列传三百十五属国三》里就有记载。中原虽然不

海南小叶降真香

得买卖降真香，但是在天高皇帝远的云南，降真香却可以在市面上交易。清中期的滇西文官檀萃在他的见闻录《滇海虞衡志》里就有这样的文字说明："滇人祀神用降香，故降香充市，即降真香也"。

与唐代佛教用香不同，唐代道教尤为推崇降真香，认为此香可以上达天帝，招引仙鹤，在斋醮仪式中常用来"降神"。唐人李珣《海药本草》解释降真香："仙传拌和诸香，烧烟直上，感引鹤降，醮星辰，烧此香为第一，度箓功力极验，降真之名以此。"

行香：礼敬神佛

行香是佛教寺院的重要法事活动。南宋姚宽《西溪丛语》卷下中记载行香兴起于后魏及江左齐、梁间，"每燃香熏手，或以香末散行，谓之行香"。唐代行香即包括也有皇室、官员在特殊日子入寺行香，也包含普通民众的入寺焚香。其中国忌行香是唐代佛教寺院行香的一大特点，并成为朝廷的法定仪式。国忌行香是朝廷在佛寺举行的一项大型的行香礼佛仪式，带有祭祀性质，唐初即有。《唐会要皇后》记载高宗于忌日入寺行香："上因忌日行香，见之。武氏泣。上亦潸然。"国忌行香不同于普通的行香活动，参与者不仅有佛教僧人，还有众多朝廷官员。《旧唐书职官志二》载："凡国忌日，两京大寺各二，以散斋僧尼。文武五品已上，清官七品已上皆集，行香而退。"因此，国忌行香不是简单的焚香，其程序、礼节繁多。

唐敬宗忌日时的行香过程在《入唐求法巡礼行记》有详细记载：（承和五年）十二月八日，国忌之日，从舍五十贯钱于此开元寺设斋，供五百僧……有一僧打磬，唱"一切恭敬，敬礼常住三宝"毕，即相公、将军起立，取香器，州官皆随后，取香盏，分配东西各行。相公东向去，持花幡僧等引前，同声作梵"如来妙色声"等二行颂也。始一老宿随，军亦随卫，在廊檐下去。尽僧行香毕，还从其途，指堂回来，作梵不息。将军向西行香，亦与东仪式同……其唱礼，一师不动独坐，行打磬，梵休即亦云："敬礼常住三宝。"相公、将军共坐本座，擎行香时受香之香炉，双坐。可见，国忌行香有一定的程序，有高僧唱梵，念诵斋文，行香者还需手持香炉。佛教法事活动较为流行的香具是长柄手炉，如法门寺地宫出土素面银手炉、江西瑞昌唐墓出土鎏金塔式镇柄手炉、洛阳神会墓出土长柄手炉等。

行香后用斋在《唐会要卷》中也有严格的规定：（武德）二年十月，改诸卫及率府、王府等司，应无厨给朝官等，自今以后，每放寺观行香，及有集，宜令依廊下料，各与饭一餐，仍令所由与京兆府计会。行香即就寺观，别有期集，即于侧店舍，并委京兆府，据人数，使取处幕次、床榻、铛釜供借。如行香分在两处以上，准随中书门下一处，即勒廊下所由勾当，他处即京兆府使与本料，与勾当造食用。部分随员所需的幕次、床榻、铛釜等用具必须由京兆府提供，对参与者也有限制。

喝茶品香是茶人最爱

喝茶品香是茶人最爱

陶制香炉

以香为用

驱邪除秽，清净除秽

春秋战国时期，南方的木本香料尚未大量传入北方，所用只是兰、蕙、椒、桂等香草香木。从"越人熏之以艾""薰以椒桂""穹室熏鼠，塞向瑾户"等诗句中，可以看到古人以莽草、艾蒿、花椒、桂等香草香木熏室，驱灭蚊虫，清新空气。这个时期，人们还用香汤洗浴、香囊佩身，既用来香身又可以辟秽防病，尤其在湿热、多发生疬疫的南方地区广为盛行。《山海经》记载浮山有蕙草"佩之可以已疬"。两汉时期，不仅延续了先秦关于芳香植物香料可以辟邪祛秽的认识，而且出现了药物学专著《神农本草经》，总结说明植物香料的药用特性，如指出白芷可以"长肌肤、润泽，可作面脂"，还能治疗"血闭，阴肿，寒热，风头，侵目，泪出"等疾病；泽兰能消除"大腹水肿，身面四肢浮肿，骨节中水，金创痈肿创脓"；杜若可以明目，治疗头痛；茅香最重要的特性是可用来驱虫，是防止蚊虫叮咬、防衣料虫蛀的重要香料，类似于现在常用的樟脑丸。

除了传统的植物香料，人们也注意到了动物香料，如麝香"辟恶气，杀鬼精物，温疟，蛊毒，痫痓，去三虫。久服除邪，不梦寤厌寐。"由于两汉域外香料传入，因此这一时期对外来香料的药用价值也有了一定的认识："木香：味辛。主邪气，辟毒疫温鬼，强志，主淋露。久服，不梦寤魇寐。"

香气或是燃香为烟，或配香囊以其气味来辟秽除恶

香草有辟除秽浊疫疬之气、扶助正气、抵御邪气的作用，为达到辟秽养正、防病治病的目的，古人常用芳香类药物制作的熏香、炷香、枕香、佩香等防病驱邪，今人燃药香防治感冒流行，都是辟秽防疫的具体应用。

焚烧药物以辟邪气多以香药为主，如《本草纲目》记载苍术"时珍曰……陶隐

居言术能除恶气……故今病殁及岁旦，人家往往烧苍术以辟邪气"，《本草正义》描述苍术："芳香辟秽，胜四时不正之气，故时疫之病多用之，最能驱除秽浊恶气，阴霾之域，久旷之屋，宜焚此物而后居人。"

"芳香辟秽"有其文化观念的传承，《荆楚岁时记》有"正月一日……进椒柏酒，饮桃汤，进屠苏酒、胶牙饧。下五辛盘。进敷于散，服却鬼丸。"喻昌《尚论篇·详论温疫以破大惑》曰："古人元旦汲清泉，以饮芳香之药；上巳采兰草，以袭芳香之气，重涤秽也。"指出古人"元旦"和"上巳"节日时使用香药或内服或外用以驱秽辟疫。

古代中国人认为佩药可防恶鬼

《天医方》序记录了一个故事："江夏刘次卿以正旦至市，见一书生入市，众鬼悉避。刘问书生曰：'子有何术，以至于此?'书生言：'我本无术。出之日，家师以一丸药，绛囊裹之，令以系臂，防恶气耳。'于是刘就书生借此药，至所见鬼处，诸鬼悉走。所以世俗行之。其方用武都雄黄丹散二两，蜡和，今调如弹丸。正月旦，令男左女右带之。"

明清以前医药书籍中记录佩带能辟恶气的有：桑根（《肘后备急方》）、琥珀（《本草经集注》）、楝实（《本草经集注》）、蛇含（《新修本草》）、丹砂（《新修本草》）、兜纳香、宜南草（《海药本草》）、降真香（《海药本草》）、玳瑁（《本草图经》）、火槽头（《证类本草》）等。明清时期医家书籍里也不乏佩香记录，如李时珍在《本草纲目》引用宋以前的《夏禹神仙经》："《仙经》言：伏灵大如拳者，佩之令百鬼消灭，则神灵之气，亦可征矣。"指出"秦龟头"可以"阴干炙研服，令人长远入山不迷，孟诜。弘景曰：前腥骨佩之亦然耳"。

还有一些本草虽然前代记载颇详，但明确提出佩带辟疫防毒的是在明清一些医书中，如明代陈嘉谟《本草蒙筌》记载蛇含草："蛇含草……其根收取，乃名女青。捣细末带之，则疫疬不犯。主蛊毒而逐邪恶，杀鬼魅以辟不祥。"《雷公炮制药性解》雄黄"佩带之，鬼神不敢近，诸毒不能伤"。

沉香

芳香药也能够祛邪辟疫，化腐生肌

马王堆汉墓出土的帛书《五十二病方》中就有："用柳蕈一捼、艾二，焚熏治疗胸痒（指外阴和肛周皮肤瘙痒），痔兑兑然出。"张华《博物志》云："天汉二年（公元前99年），长安大疫，燃返魂香，宫中病者，闻之即起。香闻百里，数日不歇。疫者未三日者，熏之皆瘥。"再比如端午节在门上悬挂菖蒲、艾叶，薰苍术的习俗。在先秦时代，普遍认为五月是个毒月，五日是恶日。《夏小正》中记："此日蓄药，以蠲除毒气。"此时五毒尽出，因此端午风俗多为驱邪避毒。而菖蒲、艾叶、苍术都是含有挥发性芳香油的草药，它们所产生的奇特芳香，可驱蚊蝇、虫蚁，净化空气，并能祛寒湿、提神通窍、健骨消滞、杀虫灭菌。故此深受人们喜爱，并成为一种固定的习俗流传至今。

美容香体

香料在古代美容如沐浴、清洁、面脂、口脂、香水、美发等方面应用广泛，含有香料的美容香方更是丰富多彩。

唐时香料在美容方面的用途之广、作用之大，使唐代美容达到了较高水平。唐代美容美颜的化妆品品种繁多，从使用方式看，洗的有澡豆、面药，涂敷的有面膏、面脂、香粉、手膏、发膏、蔷薇露，内服的有香丸、香汤；从产品形态看，也有膏状、粉状、凝脂状、丸状、液态状等。唐代医学家潜心研制的美容品用料丰富、配伍考究、制作精细、功效多重，既可以美容护肤，又有保养、疗病的作用。在唐代，如面脂、口脂、澡豆这类美容品男女皆用，从杜甫有诗《腊日》云："腊日常年暖尚遥，今年腊日冻全消。侵陵雪色还萱草，漏泄春光有柳条。纵酒欲谋良夜醉，还家初散紫宸朝。口脂面药随恩泽，翠管银罂下九霄。"可见当时还有皇帝于腊日赐群臣脂药的制度。

唐代出土的绘画作品丰富，在以女性为主的如《簪花仕女图》《唐人宫乐图》等作品中，可以细致看到唐时女子的妆容。

唐代诗人元稹在其《恨妆成》这首乐府诗里，用"傅粉、施朱、晕蛾眉、红拂脸、施圆靥"等词细致描写了唐时女子"理妆"的步骤和流程。

恨妆成

晓日穿隙明，开帷理妆点。傅粉贵重重，施朱怜冉冉。

柔鬟背额垂，丛鬓随钗敛。凝翠晕蛾眉，轻红拂花脸。

满头行小梳，当面施圆靥。最恨落花时，妆成独披掩。

敷粉

中国使用妆粉至少在战国时期就开始了，最古老的敷粉除了由米粉研碎制成之外，还有一种由白铅化成的面脂，这种没经过脱水处理的粉多呈糊状。汉代以后，铅粉多被吸干水分制成粉末或固体形状。汉时男女皆敷粉，其中《汉书·广川王刘越传》："前画工画望卿舍，望卿袒裼傅粉其傍。"《汉书·佞幸传》："孝惠时，郎侍中皆冠、贝带、傅脂粉。"皆有男子敷粉的记载。唐代宫中以细粟米制成"迎蝶粉"，用很厚的铅粉从额头一直敷到脖颈，使肤白如雪。

晕蛾眉

自先秦时期古人便用"黛"画眉，除了常见的石黛，还有铜黛（铜锈状材料）、青雀头黛（深灰色材料）以及螺子黛。唐朝时期女子多用来源于波斯国的螺子黛，即已经加工成型的黛块，在使用时只用蘸水就行。因为它的样式和生产流程与书画所用的墨锭类似，因而也被称为"石墨"或"画眉墨"。

唐代女子很重视眉妆，早期流行"蛾眉"，又叫桂叶眉，画的时候要先将原来的眉毛剃掉，再用笔沾上黛粉描眉。为了显得不那么呆板，妇女们还会将边缘的颜色轻轻地向外晕散，叫"晕眉"，手法非常讲究。唐玄宗时，又开始流行起细长的"柳眉"。白居易在《长恨歌》里形容杨贵妃"芙蓉如面柳如眉"，月牙般细长的柳眉能把人衬得温婉又不失大气，很符合盛唐雍容的审美。"阔眉"是诗文中常说

辽代 鎏金花鸟纹八棱提梁铜熏炉（河北博物院 藏）

的"蛾眉"，就是把眉毛画得阔而短，像桂树叶或蛾翅一般，正如元稹在诗中所说"莫画长眉画短眉"。

施朱

即涂以红色，意为涂胭脂。引申为"抹红"，即敷面之后用手晕开胭脂，涂在两颊，浓的叫"酒晕妆"，淡的是"桃花妆"，显得气色十分红润。据说杨贵妃到了夏天流的汗都是红色的。但这还不算是最夸张的，王建在《宫词》中曾描写过一个宫女，卸妆时就跟擦泥一样，洗完之后，盆里的水就像红色泥浆。

施圆靥

在酒窝处点上两点，像美人痣一样，梨涡浅笑，尤其有种少女的娇俏感，这种妆叫作"面靥"。"面靥"有的俏丽，"暗娇妆靥笑，私语口脂香"；有的妩媚，"月分蛾黛破，花合靥朱融"。往前追溯面靥最早被称之为"的"。的，灼也。汉朝刘熙《的释名·释首饰》中写："以丹注面曰的"。丹就是指朱红色的染料，注面就是用朱红染料点在脸上。历经历史变化，面靥之风在唐朝依旧盛行，女子们常用丹或墨在脸颊处点点儿，看着很像一颗痣。不过这种画法在当时很受追捧，等到了宋代才逐渐淡化。

计时宴客

燃香计时

燃香是古人常见的计时方式之一。

香篆具有计时功能，利用固定量粉末燃烧来达到一定的时间计算，在古时候也是具有一定相当技巧才可以完成。制作篆香的工艺过程比较繁杂，宋朝洪刍在《香谱：外一种》中有多篇香刻的记载。

五香夜刻（宣州石刻）

穴壶为漏，浮木为箭，自有熊氏以来尚矣。三代两汉迄今遵用，虽制有工拙而无以易此。国初得唐朝水秤，作用精巧，与杜牧宣润秤漏颇相符合。其后燕肃龙图守梓州，作莲花漏上进。近又吴僧瑞新创杭湖等州秤漏，例皆踈略。庆历戊子年初预班朝，十二月起居退，宣许百官于朝堂观新秤漏，因得详观而默识焉。始知古今之制都未精究，盖少第二平水衮，致漏滴之有迟速也。亘古之阙，繇我朝讲求而大备邪。尝率愚短，窃效成法，施于婺、睦二州鼓角楼。熙宁癸丑，岁大旱，夏秋无雨，井泉枯竭，民用艰饮。时待次梅溪始作百刻香印以准昏晓，又增置五夜香刻如左。

百刻香印

百刻香印，以坚木为之，山梨为上，樟楠次之，其厚一寸二分，外径一尺一寸，中心径一寸余。用有文处分十二界，回曲其文，横路二十一，里路皆阔一分半，镌其上，深亦如之，每刻长二寸四分，凡一百刻，通长二百四十寸。每时率二尺，计二百四十寸。凡八刻三分，刻之一。其中近狭处，六晕相属，亥子也，丑寅也，卯辰也，巳午也，未申也，酉戌也。阴尽以至阳也，戌之末刻入亥。以上六长晕各外相连。阳时六皆顺行，自小以入大也，微至著也，其向外长六晕亦相属，子丑也，寅卯也，辰巳也，午未必，申酉也，戌亥也。阳终以入阴也，亥之末则至子。以上六狭处连。阴时六皆逆行，从大以入小，阴主减也，并无断际，犹环之无端也。每起火，各以其时，大抵起午在第三路近中是。或起日出视历日，日出卯，初卯正几刻。故不定，断际起火岁也。

五更印刻

上印最长，自小雪后，大雪、冬至、小寒后单用。其次有甲乙丙丁四印，并两刻用。

中印最平，自惊蛰后，至春分后单用。秋分同。其前后有戊己印各一，并单用。

静室燃一炉香

静室燃一炉香

末印最短，自芒种前，及夏至、小暑后单用。其前有庚辛壬癸印，并两刻用。

百刻篆图

百刻香若以常香则无准，今用野苏、松球二味，相和令匀，贮于新陶器内，旋用。野苏，即荏叶也，中秋前采，曝干为末，每料十两。松球，即枯松花也，秋末拣其自坠者，曝干，锉，去心为末，每用八两。昔尝撰《香谱序》，百刻香印未详。广德吴正仲制其篆刻并香法见贶，较之颇精，审非雅才妙思孰能至是，因刻于石，传诸好事者。

熙宁甲寅岁仲春二日，右谏议大夫知宣城郡沈立题。

百刻印香

笺香三两、檀香二两、黄熟香二两、零陵香二两、藿香二两、土草香半两（去土）、茅香二两、盆硝半两、丁香半两、制甲香七钱半（一本作七分半）、龙脑少许。

右同末之，烧如常法。

佛教弟子修行常与燃香相伴，并以燃香计时，故佛教的很多修行方式、仪式名称常与"香"联系。坐香，又称禅坐、打坐，指在焚香时静坐禅修。该词早见于明代文献中，如明石室道人《二六功课》："午，坐香一线，毕经行，使神气安顿，始饭。"又如明姚希孟《循沧集》卷二："余倡言坐香一炷，同坐者，余与不忘、蕴真、虚鉴及天台僧启生也。"旧"一炷"或"一线"都指烧一炷香的时间。"坐香"可直接省称为"香"，如虚云《禅堂坐香四季长短法则》："夏日长，午饭后香。回堂香行大板……点心后香，大板香一支，看天气早晚加减。"大板香是香别之一种，一般燃烧一个半小时。"午饭后香""点心后香"分指在午餐后坐香。在吃点心后坐香。又如禅堂每个时段的坐香都有固定的名称。如"早板香""午板香""养息香"等。"板"指云板，是寺院用来报时和报事的用具。"早板香""午板香"指早上、中午某一时段的坐香。"养息香"指晚餐后的坐香。

宴请熏香

随着社会发展香药品类日益丰富，香的使用范围也日趋广泛，反映在现实生活中便是人们宴饮开始用香，以宋朝为甚。

宋时人们宴席注重氛围，在香气氤氲里把酒言欢相较对酒当歌而言毫不逊色。南宋地理学家周去非曾书，若用真龙涎和香，则"焚之一铢，翠烟浮空，结而不散，座客可用一蒻分烟缕"，而沉香"焚一片则盈室香雾，越三日不散"。相对于香品入药或用于饮食的实用价值而言，薰香大多属于奢侈消费，宴席中焚香装点席面更是如此。《陈氏香谱》原序曰："香者，五臭之一，而人服媚之。至于为《香谱》，非世宦博物，尝杭舶浮海者不能悉也。"文中着重强调香药非世宦博物之家不能全面了解，根本原因在于薰香为当时官宦世家常用。

北宋中期宴会中薰香尚不常见，苏轼《与章质夫帖》云："公会用香药皆珍物，极为番商坐贾之苦，盖近造此例，若奏罢之，于阴德非小补。"对此，南宋人戴埴称："予考坡仙以绍圣元年抵五羊，粲为帅，广通舶出香药，时好事者创此，它处未必然也。今公宴，香药别卓为盛礼，私家亦用之，作俑不可不谨。"而南宋时除公宴外私家宴请也用香，宴请薰香之风弥散开来。周密亦指出："今人燕集，往往焚香以娱客"，证实了戴氏的说法。

宴席薰香颇受富贵阶层推崇。因宴席上薰香不仅能显示宴请主人的热情，同时给与宴者带来精神及嗅觉双重享受。《陈氏香谱》中有对宴请专用香，即"巡筵香"的记载，以龙脑、乳香、松菊等为主料配制，"以净水一盏引烟入水盏内，巡筵旋转，香烟接了去水栈，其香终而方断"。北宋时，蔡京"一日宴执政，以盒盛二三两许，令侍妪捧炉巡执政坐，取焚之"。南宋临安承办宴会的官方机构"四司六局"便设有香药局，专门"负责掌管龙涎、沈脑、清和、清福异香、香垒、香炉、香球、装香簇烬细灰，效事听候换香"等事宜。南宋将领翟朝宗守庐州时，设宴款待下属，"出两金盒，贮龙涎、冰脑，俾坐客随意爇之"。

张镃出身显赫，颇富才学，一时名大夫莫不交游，"其园池声妓服玩之丽甲天

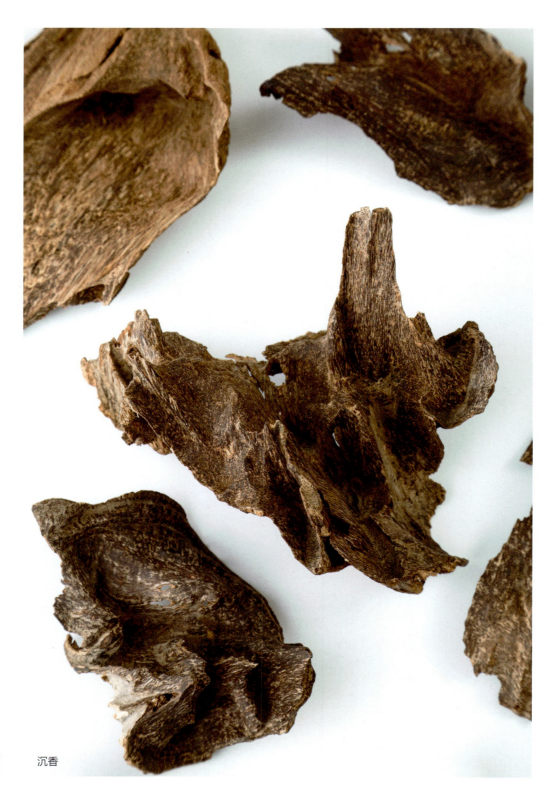

下"，他曾设牡丹会："众宾既集，坐一虚堂，寂无所有。俄问左右云：'香已发未？'答云：'已发。'命卷帘，则异香自内出，郁然满坐。群妓以酒肴丝竹，次第而至。别有名姬十辈皆衣白，凡首饰衣领皆牡丹，首带照殿红一枝，执板奏歌侑觞，歌罢乐作乃退。复垂帘谈论自如，良久，香起，卷帘如前。别十姬，易服与花而出。大抵簪白花则衣紫，紫花则衣鹅黄，黄花则衣红，如是十杯，衣与花凡十易。所讴者皆前辈牡丹名词。酒竟，歌者、乐者，无虑数百十人，列行送客。烛光香雾，歌吹杂作，客皆恍然如仙游也。"

张镃此次牡丹盛会堪称豪奢之至，"异香自内出，郁然满坐""烛光香雾，歌吹杂作"，香气弥漫中饮宴取乐，坐客"皆恍然如仙游"，宾主尽其欢，可谓新意迭出。此外，诗词如"鼎实参差海陆兼，炉烟浮动麝兰添""长乐花深春侍宴，重华香暖夕论诗""开雅宴，画堂高会有诸亲……斟美酒，至心如对月中人，一声檀板动，一炷蕙香焚"等，都是描述宴请时沉浸于香气氤氲中的惬意与欢愉。

宋代宫廷宴席亦常用熏香。据史料记载，宋时凡大宴"殿上陈锦绣帷帘，垂香球，设银香兽前槛内"，规制宏大。哲宗为重建上清储祥宫之碑额，置局于宫中，命宦官数人为之，"凡三日一赴局，则供张甚盛，肴核备水陆，陈列诸香药珍物"，公食罢，"必有御香、龙涎、上尊、椽烛、珍瑰随赐以归"。宫内熙春阁有十余座大石香鼎，徽宗每宴于此用之薰香，"香烟蟠结凡数里，有临春、结绮之意也。"宣和年间，宫中所焚异香有笃耨、龙涎、亚悉、金颜、雪香、褐香、软香之类。

宴席熏香属于奢侈行为，夜宴甚之。"还有野歌随拙舞，肯教庭炬彻明红""开宴。画堂深处，银烛高烧，珠帘任卷"皆表达出光影氤氲氛围中宾主尽欢的情境。韩侂胄曾于私家林园举办奢费夜宴，"殿岩用红灯数百，出于桃坡之后以烛之"。与韩侂胄的奢靡相比，在蜡烛中添加香料即所谓香烛，则是有过之而无不及。秦桧当权时，四方馈遗不断。一日宴客"异香满坐，察之，则自烛中出也"，此烛为广东经略使方滋德专造而献者"仅五十条"，属于"限量珍品"。名妓蓬仙超凡脱俗，为士人仰慕，有新及第士子来访，开宴待之，及暮，"高烧银烛，长焰荧煌，座间忽闻香气逼人，盈室不识其香之所自来"。之后探知香气发自烛中，"此烛乃燕王府分赐，闻自外国所贡，御赐诸正府，因以相遗"，珍藏而献，宴彻烛尽，而香气不散。徽宗政宣年间，宫中"用龙涎、沈脑屑灌蜡烛，列两行，数百枝，焰明而香郁，钧天之所无也。"南宋建炎、绍兴年间"久不能进此"，惟太后寿宴用宣、政故事，仅列十数炬。太后透露徽宗"每夜常设数百枝，诸人阁分亦然"，令高宗自叹不如。香烛属高奢消费，在一般宴饮场合也并不多见。

中国有"无酒不成席"的俗语，宴请时也常用香药制酒。以香药制酒古已有之，窦苹《酒谱》载："楚辞云：'奠桂酒兮椒浆'，然则古之造酒皆以椒桂"，汉朝人"采菊花，并茎叶酿之，以黍米。至来年九月九日，熟而就饮，谓之菊花酒。"宋时，香药配制酒十分常见。朱翼中《北山酒经》中还记载有顿递祠祭曲、瑶泉曲、金波曲、香泉曲、滑台曲、豆花曲、香桂曲、小酒曲等香药酒曲。北宋时"京师贵家，多以酴醾渍酒，独有芬香而已。"

《礼》曰："丧有疾，饮酒食肉，必有草木之滋焉。姜桂之谓也。"古者非丧食不彻姜桂。《楚辞》曰："奠桂酒兮椒浆。"是桂可以为酒也。《本草》："桂有小毒，而菌桂、牡桂皆无毒。大略皆主温中，利肝肺气，杀三虫，轻身坚骨，养神发色，使常如童子，疗心腹冷疾，为百药先，无所畏。"陶隐居云："《仙经》，服三桂，以葱涕合云母，蒸为水。"而孙思邈亦云：久服，可行水上。此轻身之效也。吾谪居海上，法当数饮酒以御瘴，而岭南无酒禁。有隐者，以桂酒方授吾，酿成而玉色，香味超然，非人间物也。不难看出，香药酒的药用价值得到重视。宋人陶弼在诗中指出苍梧县产有豆蔻酒。

宴席上摆置添香食物也是宋时常见现象。高宗亲临张俊府第，张氏大摆宴席，极尽奢侈，《武林旧事高宗幸张府节次略》详细记录了盛宴食物清单，"砌香酸咸一行"包括香药木瓜、椒梅、香药藤花、砌香樱桃、砌香萱草拂儿、砌香葡萄、甘草花儿、梅肉饼儿、紫苏柰香、姜丝梅、水红姜、杂丝梅饼儿等。另有"缕金香药一行"，有脑子花儿、甘草花儿、朱砂圆子、木香丁香、水龙脑、史君子、缩砂花儿、官桂花儿、白术人参、橄榄花，从名称来看，大多属于添香食物。临安酒店中

瓷身铜盖香盒

琉璃荷花香插

送李公麟苦吟图（局部，台北故宫博物院 藏）

更是常年售卖食药、香药果子以飨顾客。绍熙年间，广东番禺海獠会食，"合鲑炙、粱米为一，洒以蔷露，散以冰脑"，都是食物添香的典型。

宴席用香因价高奢贵而为权贵阶层所喜，但香品本身有贵贱、本土与舶来品之差异，且价格与产量密切相关。权贵之家虽是"香雾纷郁，终日不绝"，但是普通香药也能"飞入寻常百姓家"。除了龙涎香、马耨香、龙脑香、沉香等名贵香药外，大部分香药，如乳香、麝香、丁香、木香、藿香、没药、胡椒等都是社会生活中常用物品，社会消费量较大。宋人韩彦直记载，朱栾"摘之置几案间，久则其臭如兰。是品虽不足珍，然作花绝香，乡人拾其英烝香"，属本土常见易得香品。另有泡花，南人或名柚花，"春末开，蕊圆，白如大珠。既拆，则似茶花，气极清芳，与茉莉、素馨相逼。番禺人采以蒸香，风味超胜"，亦是如此。据《陈氏香谱》载，"雷、化、高、窦亦中国出香之地。比南海者，优劣不侔甚矣。既所禀不同，而售者多，故取者速也"，所产香药品质相当一般，已经是大众化消费产品了。北宋时期，汴京御街一直南去过州桥，街市有李家香铺、香药铺等店面。南宋时期，临安酒楼有老妪"以小炉炷香为供者，谓之'香婆'。有以法制青皮、杏仁、半夏、缩砂、豆蔻、小蜡茶、香药、韵姜、砌香、橄榄、薄荷，至酒阁分俵得钱"；中秋时御街香铺"皆铺设货物，夸多竞好"。总之，宋代社会中香药的使用已经十分普遍，宴请用香尤其是薰香虽然属于奢侈性消费，但也并非广大民众难以企及的奇珍异品。香药日渐成为普通百姓生活中的重要消费品，宴请用香也逐渐进入到民众视野中来。

建筑家具

唐代贵族爱香、嗜香，更有甚者把芳香木材直接用于营造建筑物。

唐代寺院中有用檀香木造七层佛塔的。贯休《书石壁禅居屋壁》："赤旃檀塔六七级，白菡萏花三四枝。禅客相逢只弹指，此心能有几人知。"其所用香材为赤旃檀，即是紫檀，也就是红木建造的佛塔。也有用白檀香木建造的塔形楼阁，如陈陶《题豫章西山香城寺》："十地严宫礼竺皇，旃檀楼阁半天香。"既是从寺院的半天云中能传来芬芳的香味，当是白檀香所造。

唐代对香的追捧使得高级香料异常珍贵。《新唐书·李白传》载，唐玄宗为了取悦杨贵妃而在兴庆宫中用沉香建造了一座沉香亭："帝坐沉香子亭，意有所感，欲得（李）白为乐章，召入，而白已醉。"唐敬宗奢侈无度，想造沉香亭，遭到臣子的进谏，"以沈香为亭，何异瑶台琼室乎？"王元宝造含薰阁，"以银镂三棱，屏风代篱落，密置香槽，自花镂中出，号含薰阁"。

檀香亭

宣州观察使杨牧造檀香亭子，初成，命宾落之。出自《杜阳编》。

香阁

后主起临春、结绮、望春三阁，以沉檀香木为之《陈书》。《开元天宝遗事》里提到杨国忠尝用沉香为阁，檀香为栏槛，以麝香、乳香筛土和为泥稀阁壁，每于春时木芍药盛开之际，聚宾于此阁上赏花焉。禁中沉香亭远不侔此壮丽也。

香床

据《隋书》记载，隋炀帝于观文殿前两厢为堂十二间，每间十二宝橱，前设五方香床，缀贴金玉珠翠，每驾至，则宫人擎香炉在辇前行。

用香药装饰居室成为帝王们的专利

长安的宫阙中有"合欢殿""披香殿"等。为求抑阴助阳使居室温暖，除恶气，多子多孙，皇后居住的未央宫要以椒（川椒）及其他香药磨碎后和泥涂在墙上。因此，皇后的居住之所也称为"椒房"。《汉官仪》说："皇后居处称椒房，去其实，蔓延盈升；以椒涂室，取温暖，除恶气也。"宫廷中的路上也要撒香，"以椒布路，取意芳香。"曹植《洛神赋》："践椒涂之郁烈，步蘅薄而流芳。""椒涂"即"椒途"，"蘅薄"意为芳草丛生。

沉香

关于"椒房"一词由来，《汉书》有所解释："江充先治甘泉宫人，转至未央椒房。颜师古注：'椒房，殿名，皇后所居也。以椒和泥涂壁，取其温而芳也。'"椒房指皇后居住的宫殿，后渐演变为后宫的代称。魏晋南北朝时，椒房不再仅仅是皇后所居宫殿的代称，诗句中用椒房来喻指奢华的居室，由皇宫内的宫殿到富贵之家华丽的居室，椒房含有的意蕴范围有所扩大，这时期衍生出了"椒阁""椒屋"，在诗歌中与椒房同义。

汉代利用花椒修筑后妃居所，一是因花椒籽粒繁多，将椒看作多子的吉祥物，二是利用花椒散发出的气味给人温暖之感而确保椒房的温暖，三是因花椒芳香怡人，为宫室增添香气，四是利用花椒保健养颜的功效为后妃保持容颜。当时花椒已被视为一种防寒保暖材料，捣碎和泥，制成墙壁保温层。但当时花椒还未被人工栽培，多为野生，因而产量很低，极为稀缺。这种奢华的房屋保暖方法，也被后人效仿，据《世说新语》载，西晋全国首富石崇便"以椒为泥涂室"。

用香粉涂壁也是唐代贵族装饰房屋的时尚

宗楚客建一新宅"皆是文柏为梁，沉香和红粉以泥壁，开门则香气蓬勃"，其壮丽令太平公主感叹："看他行坐处，我等虚生浪死。"张易之造大堂，"红粉泥壁，文柏帖柱，琉璃沉香为饰"。刘禹锡写《三阁词》："沉香帖阁柱，金缕画门楣。回首降幡下，已见黍离离。"

以香为养

香作为药用起源极早。相传嫘祖的父亲生病，拒绝吃药，孝顺的嫘祖便把药磨成粉，制成香，卧床的父亲闻药香之后病愈传为佳话。而芳香开窍、芳香化湿、芳香解表、芳香理气等词也是中医中常见的术语，它表明所用药材药气芳香，而它的疗效则是或开窍，或化湿，或解表，或理气，等等。

香药作为一个集合概念，主要应用于宗教祭祀、熏香化妆、医疗保健、饮食调味等领域。

香药在医药领域的应用历史源远流长。春秋战国时期，药物学知识又有新的积累，见于文献记载的芳香药物显著增加。《神农本草经》集东汉以前药物学之大成，全书记载药物365种，其中有不少芳香药物，如"菖蒲，味辛温。主风寒湿痹，咳逆上气，开心孔，补五脏，通九窍，明耳目，出声音。久服轻身、不忘、不迷惑、延年"。由于《神农本草经》按四气五味阐述功能，较详细地著述了芳香中药的一般药物性质，为后世运用芳香药物提供了重要依据。

唐代《海药本草》以外来香药为主要内容，药典《新修本草》也收载了数十种香药。医家对香药的认识和应用经验也较前有了很大提高，方书中香熏方剂的数量开始增多，《千金方》《外台秘要》收录的熏衣香方、防疫香方和一般焚香方有数十首之众，如熏衣香方、湿香方、百和香、沉水香、甲香、丁子香、鸡骨香、兜娄婆香、薰陆香、白檀香、熟捷香、炭末、零陵香、藿香、青桂皮、白渐香、青木香、甘松香、雀头香、苏合香、安息香、麝香、燕香等。

至宋代，香药进口量大增，社会生活中处处用香，医家对香药的应用也更加熟练，大量香熏方剂出现在方书中，《太平圣惠方》（如安息香丸）、《苏沈良方》（如治诸风上攻头痛方）等都有收录，《太平惠民和剂局方》更是专辟"诸香"一节，载芬积香、衙香、降真香、清远香等。香熏的应用范围也有所扩大，涉及熏衣、防疫、祛秽、醒神、治疾等多个方面。

宋代是中医理论用方的开端时期，宋人配制香方和修制香药时也吸取了中医药方面的宝贵经验，使得香方的配制更具科学性。运用于合香的中医理论，以"君臣佐使"和"七情合和"最具代表性；而修制方法，则采用中药的炮制方法，使得入香方的香药更加匀合，熏燃的效果更好。由于香药贸易的兴盛，香药的广泛应用，宋人对一些香药的特性有了更深的认识。

香药大量应用于医方，是宋代方书中一个引人注目的现象。讨论香药在宋代医方中应用的普遍和兴盛，有两个极为重要的方面不可忽视。那就是以香药作汤头的

沉香

医方和以香药为君药的医方。

以香药作汤头，也就是以香药命名这首医方，简单明白地表明了宋人对香药在医方中应用的重视。《太平惠民和剂局方》是宋朝官方制药局"太平惠民和剂局"制药的根据，流传程度极为广泛，是宋代香药广泛应用情况最好的代表。

与前代方书相比，宋代医方的重要特征就是香药在医方中的大量应用。香药方在宋代医方中占了很大的比例，方书中存在大量的以香药命名的医方，即香药作汤头的医方。虽然说以香药来命名并不一定意味着这一香药是这首药方中起最主要作用的核心药物，但仍可说明该味药在这一药方中起着重要的作用，医者对这味药的应用也极为重视。

君药，是一首医方的灵魂所在，以香药为君药的医方也是香药在宋代医方中重要性的很好表现。《苏沈良方》是后人将苏轼的《苏学士方》和沈括的《良方》合一后的结果。其中记载的辰砂丸，是治疗小儿惊热的一味良药。方用生龙脑一钱，辰砂、粉霜、腻粉各一分，可说是君一臣三之作。

作为宋代香药广泛应用的典型代表，《太平惠民和剂局方》中以香药为君药的药方也不在少数。这里仅举一例说明，用来治疗大人和儿童脾气不顺，来补虚进食的四倍饮，方用白术四两为君，用白茯苓和人参各一两为臣，诃子仅半两为佐使。

此外，熟水，除作为宋人日常重要饮品外，也常作为送服药物使用，促使医方发挥更佳的治疗效果。

古代国人的日常饮品不是一成不变的。具体到宋代，当时的人习惯日常饮用茶、汤。宋人待客，"客至则啜茶，去则啜汤。汤取药材甘香者屑之，或温或凉，未有不用甘草者，此俗遍天下"，这里的汤就是以香药为主要原料制作的熟水，它是宋人日常饮品中很重要的一种。熟水，在《局方》中被称为诸汤，主要是以香药为原料熬制的。理气是香药药理作用极为重要的一个方面，诸气一科中香药作汤头的药方数之多正反映了宋人对这一点的认识。香药药性热燥，以香药治疗寒疫在情理之中。从比例来讲，霍乱、中焦证、小便证、三焦总治、诸汤、诸气为较高。但是前三科中方书总数均少于10首，数量较小，统计数据价值不高。所以仍可断言，诸汤（即熟水）和诸气是香药应用受到极大重视的分科。另外，眼目疾、血证、盗汗、耳病、水气、中毒、伤折各科，以香药为汤头的医方数均为零，可见，在这几科中，香药应用不受重视。原因是香药药性与这几科所需药物的药性不符。

熟水，最常见的应用当然是作为日常饮料，其医药作用的一个典型事例为后世研究者津津乐道。大臣丁谓被贬，临终前"半月不食，焚香危坐，诵佛书，以沉香煎汤，时呷而已"，单靠喝沉香汤可以维持生命达半月之久，也堪称奇迹了。

对于送药有具体的熟水要求的医方为数众多。《小儿卫生总微论方》中指出麝茸丹要用沉香汤送下，露蜂房散要用麝香汤调下，水银圆则用乳香汤送下，丁香藿香汤放冷送下双金圆，煎人参或白术汤下四圣圆，藿香汤下香银圆，紫苏汤调下枇杷叶汤，桃仁茴香汤送下牛黄煎，乳香生姜汤下丁香饼子，荆芥汤调下苏香汤，麝香荆芥汤化下薏苡仁圆等等。仅此一部方书，笔者就见到送下药物的不同熟水如上所示，可见宋代医家对于熟水性质谙熟于心，在日常处方中应用普遍。

在宋代方书中也可以看到另一种情况。那就是对于不同性别的病患，要求用不同熟水送药。如《博济方》中指出，同样是治疗心腹疼，若病患是女子，则用醋汤送下桂枝丸；而如果病患是男子，需用茴香汤送服。同一首医方，对于不同性别的病患采用不同熟水送下，亦是中医治疗手段因人而异的体现。另外，还存在常服与偶服的不同。如《仁斋直指方论》中指出，若常服杨氏麝香圆，需用熟水送下。

作为送药使用的熟水，当然不是医方中起主要作用的药物，却是辅助医方达到最佳治疗效果不可或缺的。宋代医家对病患不同患病部位、不同性别的送药熟水的不同要求，体现了宋人对各种病症应对方法的了然于心，有的放矢地使用不同的熟水，达到最佳的治愈效果。以香药为主要原料制作的熟水，不但是宋人具有代表性的日常饮品之一，其医药作用也不容小觑。宋人在医书中将其大量用于送服药物，促使君药发挥更佳的治疗效果，疗病作用更强。

许多香料即药物，它们之间并无绝对的分界线。

以沉香为例，李时珍《本草纲目》里记载："沉香主治风水毒肿，去恶气，心腹痛，霍乱、中恶、邪鬼疰气。能清人神，宜酒煮而服。治各种疮肿，宜入膏中。

还可调中，补五脏，益精壮阳，暖腰膝，止抽筋、吐泻、冷气，破腹部结块，冷风麻痹，皮肤痛痒。也能补右肾命门，补脾胃，止痰涎、脾出血，益气和神，治上热下寒、气逆喘息、便秘、小便气淋、男子精冷。"并附诸虚寒热、胃冷久呃、肾虚目黑、心神不足、便秘等相关诸方。

沉香的药用价值世代为医家所沿用，但作为众香之首，它的价值不仅体现在无可替代的药用方面，更兼雅用。

在香事发达的宋朝，焚香、点茶、插花、挂画被喻为四般雅事。文人喜香、爱香、用香、赠香成一时风气。研修学问、修道拜佛、赠礼往来、诗文述怀，都与香建立了密不可分的关系。南宋曾几有诗云："有客过丈室，呼儿具炉熏。清谈似微馥，妙处渠应闻。沉水已成烬，博山尚停云。斯须客辞去，趺坐对馀芬。"

皇室与权贵也以用香为尚，各种重要的仪式、庆典、祭祀等都要大量使用沉香。较著名的文献资料有北宋真宗时期丁谓先生的《天香传》，其中记录了真宗之天书祥瑞、封禅、建宫观等崇道活动时使用大量的沉香与乳香。宋真宗也赏赐大量的沉香、乳香、降真香给丁谓，丁谓于《天香传》中提到宋真宗所赏赐的沉香已经够他这一辈子使用了。可见宋朝皇帝也将沉香当作重要的礼物赏赐给重要的王公大臣们。

值得一提的是，宋朝以海外贸易大量进口香药为背景，使得宋人对香药的药性和疗效有了更深更好的理解，应用起来也得心应手，芳香药性理论于宋代以后逐步形成。

香药在唐宋文献中通常是香料和药材的合称，范围并不十分确定。在中国医药学史上，对于香药的批判引人注目。以苏合香为例，元代名医朱丹溪在《局方发挥》中以自问自答的方式对这一方剂提出了尖锐的批评："古人制方用药，群队者必是攻补兼施，彼此相制，气味相次，孰为主病，孰为引经，或用正治，或用反佐，各有意义。今方中用药一十五味，除白术、朱砂、诃子共六两，其余一十二味共二十一两，皆是性急轻窜之剂，往往用之于气病与暴仆昏昧之人，其冲突经络，漂荡气血，若摧枯拉朽，然不特此也"，指出该医方一方面不遵循传统的组方原则；另一方面所用的药物多是芳香走窜的，皆用于中气与急症昏迷，若不合病症，不顾病人体质，滥用苏合香丸后果可想而知。虽然《局方发挥》中所收录的苏合香丸配比与朱丹溪所说并不相符，但从医学角度来讲，无论是对因、对症还是对证用药，皆应针对病人实际情况，因人制宜，辨证施治。

诚如前述，香药方的合理与否，取决于医者在实际应用中对病患体质、病情及适用医方的判断。但不论是单方香还是和香，因其所含香料确具药用价值及养生功效，而从医学角度来看其效用却是有待观察。

压平香灰

沉香

木质香盒

现代铜香炉

第三章

品香韵

生闻

生闻是最直接获得香气的方式。无论古今，人们在日常生活中所遇到的花花草草、瓜果蔬菜都有鲜香气味。

古人常用香气怡人的花果之香替代焚香熏香居室。宋代文人用香讲究清雅恬淡，对自然的花果之香很是喜爱，尤其流行对清香果子的玩赏，南宋韩彦直《橘录》"橙子"条："北人喜把玩之，香气馥馥可以熏袖"。陆游《示村医》诗曰："衫袖玩橙清鼻观，枕囊贮菊愈头风。"戴复古《舣舟登滕王阁》中也说："却酒淋衣湿，搓橙满袖香"。陆游的诗作中还提到过用木瓜熏帐《或遗木瓜有双实者香甚戏作》："宣城绣瓜有奇香，偶得并蒂置枕傍。六根互用亦何常，我以鼻嗅代舌尝。"诗人枕边放置的木瓜，是蔷薇科的光皮木瓜，其味酸涩如山楂，也称之为楔楂。

明清时期，香橼与佛手成为熏香果子的主角。明代安世凤《燕居功课》闲适·焚香中记载："香橼、佛手柑、木瓜等成熟时，满堆古窑盘中，供之座右，则一室生香，梦魂俱化，此时一缕火香不可复著。"香橼是芸香科植物，宋人用它熏衣，明清时的文人喜欢把香橼作为清供，陈设于案头、书几，满室清香，经久不散。陈淏子《花镜》："惟香橼清芬袭人，能为案头数月清供。"因明代闻香果的风气盛行，还出现了专门盛放熏香果的果盘——香橼盘，明代高濂《遵生八笺》"起居安乐笺"中，专门提及香橼盘橐"香橼出时，山斋最要一事，得官哥二窑大盘，或青东磁龙泉盘、古铜青绿旧盘、宣德暗花白盘、苏麻尼青盘、朱砂红盘、青花盘、白盘数种，以大为妙，每盆置橼廿四头，或十二三者，方足香味，满室清芬。"

燃香

燃香即通过明火焚燃香料的方式使其发散香气。魏晋南北朝以来，焚香常要借助炭火助燃香品，唐代亦然。孟浩然《寒夜张明府宅宴》中"香炭金炉暖"，《除夜有怀》"炉中香气尽成灰"，李贺《画角东城》"灰暖残香炷"都提到燃香用炭。这种焚香方式往往会产生很大的烟，"喷宝猊香烬、麝烟浓，馥红绡翠被"，"金炉沉烟酷烈芳"。

唐代有种特别的炭块"香兽"，源于西晋羊琇制作的兽炭。据《晋书·外戚传》载："（羊）琇性豪侈，费用无复齐限，而屑炭和作兽形以温酒，洛下豪贵咸竞效之。"唐代用炭屑调和香料制成的兽形炭块称为香兽，主要作炭用。孙棨诗"寒绣衣裳饷阿娇，新团香兽不禁烧"，就是指炭用香兽。

《梦粱录》云："焚香点茶、挂画插花，四般闲事，不适累家。"自古以来，焚香、敬香、咏香、赞香、造香，几乎成了人们的高洁情操、美好情性、儒雅情趣的象征和代名词也成为人们的一种精神寄托。香材从原生香木到细腻香氛，品香方式从明火点香到电子熏香，多种多样，各具风采。而其中最精巧的一种方式便是——打香篆。《香谱》"香篆"条载："镂木以为之，以范香尘。为篆文，燃于饮席或佛像前，往往有至二三尺径者。"用模具将香末框范、压印成连笔的篆文或图案，点燃香末后按顺序焚烧。唐代印香已经很流行，"银槛酒倾鱼尾倒，金炉灰满鸭心香"，"因行恋烧归来晚，窗下犹残一字香"，这是烧形如篆字"心"和"一"的印香。

香具筒

蜡烛

香箸

香压

香拂

香拓

香勺　　　香铲

香炉

香灰盒

煎香

借固体如炭或电力加热，使香遇热散发香味的方式来闻香谓之煎香。按现下流行方式可分为炭煎、电熏及隔火空熏。

炭煎香即取香材置于烧透的木炭上，香材受热产生大量香烟，香味浓郁。

电熏香即用电熏炉将香材加热散发香味。电熏炉使用起来简单易上手，需要注意的就是不同的香材如果想要达到较好的熏香效果，应该选择适宜的香品形态并控制好电炉温度和香材用量。

低油脂类的沉香粉因为油脂不多，在用电子香炉的时候温度要略高一些，一般控制在170℃左右，而且要放比较多的香粉。而高油脂香粉的用量则不用太多，香炉温度从90℃开始，再慢慢加热，最好不要超过140℃。

隔火熏香是靠炭火隔片慢熏。唐时人们不直接点燃香品，而用炭火作为热源，在炭火与香品之间用一层传热的薄片相隔，薄片"银钱云母片、玉片、砂片俱可"，这种隔火熏香的方法可以减少烟气，增添意趣。明人臞仙《焚香七要》提到隔火熏香的好处："烧香取味，不在取烟，香烟若烈，则香味漫然，顷刻而灭。取味则味幽，香馥可久不散，须用隔火。"李商隐《烧香曲》中有"兽焰微红隔云母"。到了宋朝，隔火熏香的方法开始流行。

现今流行的隔火熏香步骤如下：

1.香品制备

熏烧的香应选择天然香料制作的优质香品，可以是合香，也可以是原态香材。其体积不宜过大，应将香品分割为薄片、小块、粉末等形状。

2.烧炭

点燃木炭（炭块或炭球），待其烧透，没有明火并变至红色。这样品香时就没有炭味的干扰了。如果方便，还可以准备一个金属的网状器具，把木炭放在网上会燃烧得更均匀。

3.置灰

在香炉内放入充足的香灰，（用香箸）使香灰均匀、疏松。

4.入炭

用香箸将烧透的炭夹入炭孔中，再用香灰盖上，抹平。香灰表面可以是平整的，也可以隆起成山形。用细棒（或香箸）在香灰中"扎"出一个气孔，通达木炭，以利于木炭的燃烧（或者不让木炭完全埋入香灰，而是微微露出）。可以借助香灰控制木炭的燃烧速度。

5.隔片

在气孔开口处放上薄垫片（云母片、银箔、金属片等），将香品放在垫片上。

6.置香

将香品置于垫片之上。若出烟，可以稍等，待其无烟时再开始品香；或将香灰加厚一点，即可减少烟气。

7.品香

自然品闻，因香气和场所氛围的不同，自然感受品闻香气的过程。

现今流行的篆香方式步骤如下：

梳理香灰

压平香灰

叁

香拂扫灰

肆

放入香拓

伍

填香入宫

陆

填埋香粉

中国香事

柒

起
篆

捌

展
示
香
篆

玖

燃香

拾

赏香

煮香

　　以水等液体为热源使香材散发香味谓之煮香。《香乘》中载："香以不得烟为胜，沉水隔火已佳，煮香逾妙。法用小银鼎注水，安炉火上，置沉香一块，香气幽微，悠然有致。"

　　常见的煮香方式有两种，一种是将香材直接置于水中煮出香气；另一种是通过蒸馏的方式提炼香料中的芳香物质，香露及精油等便可通过此方式萃取而来。经过蒸馏萃取的芳香露油可以直接品闻，也可置于水中加热使其芬芳香气散发到空气中。

元张渥弥陀佛像（台北故宫博物院 藏）

第四章

鉴香品

古代中国人的"熏香"，最初并不都是用香丸、香饼等"合香"的香品。在先秦两汉时期，人们还不大懂得研究香方来"和香"，大多是直接选用香草、香木片、香木块等，但熏香的道理是相似的，多是用木炭等燃料熏焚。到了唐宋时期，隔火熏香的方式广为流行，制香技艺也得到了长足发展，多种形态的香品和品香方式逐渐出现。

香料亦称香原料，是一种能被嗅觉嗅出气味或味觉品出香味的物质。按其来源，可分为天然香和人造香。其中天然香包括动物的分泌物或排泄物的动物香以及由芳香植物的花、枝、叶、草、根、皮、茎、籽或果等为原料的植物香；人造香包括单离香和合成香。本书中提及的香均指天然香，按其形态，可整理分为香原材、香粉、香丸、香饼、线香、盘香、塔香及签香等。

香材

芳香动、植物原料经干燥、分割等工艺简单加工制成的香品，如木块、干花、树脂块等。

香粉

香材经过初步加工后，需要锉成细粒或研磨成粉末后使用。关于粉末的粗细，陈敬《香谱》中有说明："香不用罗量，其精粗捣之，使匀，太细则烟不永，太粗则气不和。"

清 铜珐琅香插（台北故宫博物院 藏）

　　香插铜胎珐琅瓶呈葫芦形，碟为侈口、浅壁、圈足。全器蓝地，以掐丝技法于碟饰番莲纹与六瓣花纹，瓶口饰如意云纹，身饰缠枝花卉纹。圈足内饰六瓣花纹。

香膏

　　将香药配制好后，调成膏状，装入瓷罐密封窖入地窖中。用时按量取出，与香丸同为常规的熏香香品。

香丸

　　用香药配伍和合后研磨成香粉，调香泥制成的丸状的香，是古代常用的香品形式之一，是传统的熏香用香品。

香饼

用香药配伍和合后研磨成香粉，调香泥制成的饼状的香品。

线香

线香是指用不同的配方或单香方制成的，粗细、长短有一定规制的直线状香品，是我国常用的香品形式之一，适用于多种用香场合。古代用手搓或压制而成，现在多用专用机械制造。

一般认为，唐宋用香还是以合香而成的香丸、香饼为主，但在唐代或更早已有线香的雏形出现。唐朝李邕墓壁画内容丰富、画工精美。其中两幅特别引人注意，一为墓道西壁白虎头前之"白衣仙人捧盘图"；二为墓道东壁"御龙升天图"。白衣人物双手托捧的长方盘中立插十三支尺寸相当的黑色细竿，其形制极似如今使用的线香，从白衣人所处位置、身份分析，有学者认为若为香类当恰得其分。且在唐代多首诗词作品中，有"炷香"一词出现，如王涯诗："五更初起觉风寒，香炷烧来夜已残。"柯崇《相和歌辞·宫怨》"尘满金炉不炷香"，贯休《经栖白旧院二首》"空馀一炷香"，均提及炷香。有学者认为炷香即是唐代的线香。对此，考古发掘整理者也持谨慎的态度，认为线香兴起的开端是否在晚唐或更早抑或更晚的其他历史时期，目前并无有力证据证实。

盘香

在平面上回环盘绕，常呈螺旋形，适用于居家、修行、寺院等使用。

明代有一种形状特殊的香，类似现在的盘香，但其一端挂起，"悬空"燃烧，盘绕如物象或字形，称为"龙挂香"。或许早期的龙挂香回环如龙，故得其名。《本草纲目》解释线香时也言及龙挂香："线香，成条如线也。亦或盘成物象字形，用铁铜丝悬爇者，名龙挂香。"

龙挂香至迟在明代中期已经出现，并常被视为高档雅物。如林俊《辩李梦阳狱疏》有："正德十四年（1519），宸濠差监生方仪赍周易古注一部、龙挂香一百枝，前到梦阳家，求作阳春书院序文并小蓬莱诗。"明朝宫内有教太监读书的"内书堂"，学生即以"白蜡、手帕、龙挂香"作为敬师之礼。

盘香

香篆

塔香

现代的塔香或叫锥香、宝塔香、塔尖香，是指形如圆锥体的香品。

签香

签香，又称棒香、芯香。以竹、木等材料作香芯，呈直线形。用竹签者常称"竹签香""篾香"。签香又有手扞香、淋香和机制香等。

第五章

赏香器

香之重器：香炉

中国香炉文化历史悠久，从源于古器"鼎"的香炉形制到汉代的博山炉，晋代的越窑青釉炉，南北朝的青、白瓷香炉，唐代的多足形香炉、球形香炉、长柄形香炉，再到宋代的鼎式炉、鬲式炉、簋式炉、奁式炉等仿古形香炉。

各个朝代的香炉都具有时代的特色。汉代博山炉状似仙山备受推崇；宋代以复古类香炉最有特色；元代香炉具有宋代遗风，数量、种类繁多，多以小型为主；明代的香炉以青铜与瓷质为多，宣德时期的香炉最为有名；清代香炉在材质、技艺上更为讲究，成为文人雅士不可缺少的器用之一。

不同时期的香炉设计也有着其明确的时代特点，如秦汉时期的香炉主要为青铜和陶制的，形制较为单一；唐代以金银香炉设计而瞩目，形制繁多，且工艺精湛；宋代香炉则多瓷制，瓷香炉与宋代其他瓷器一样流芳至今。

春秋战国：青铜燎炉、豆形香炉

先秦祭祀所用的香具，并非后人常见的香炉，而是作为礼器的酒器或食器；在生活用香上，主要是宽矮的香炉，无论是曾侯乙墓出土、残存了褐色烟灰的铜炉，还是马王堆一号汉墓中出土的残存了茅香、高良姜、辛夷、藁本等香草炭状物的豆形熏炉，都具有燃烧面积大、空气流通性强、烟气重的特征，这也与直接焚烧香草的方式有关。

先秦时期，熏炉造型以豆形、圆球形为主，炉身较浅，炉盖较平，香料主要是茅香等草本植物，可直接放在熏炉中燃烧，虽然香气馥郁，但烟气很大。

熏炉是最主要的熏香器具。现有史料没有提到专门用于熏香的熏炉始制于何时，但考古资料证实，距今四千多年前新石器时代，我国先民就有陶熏炉。1983年在上海青浦福泉山良渚文化大墓中发现的竹节纹带盖陶熏炉可能是我国目前出土最早的熏炉。战国时期铜质熏炉出现，到了西汉早期，熏炉的种类增多，数量也明显骤增。广州的西汉南越王墓、长沙马王堆汉墓等出土的熏炉数量都较大，据《广州汉墓》一书记载，广州地区发掘的200多座汉墓，竟有一半墓葬中发现熏炉。到汉武帝时期，博山炉大量出现。

汉代：博山炉

汉代熏炉的数量和种类都远多于战国。材质以陶炉、釉陶炉、铜陶炉为主，样式有博山炉、鼎式炉、豆式炉等。这个时代的熏香，大多是直接烧熏，既有单一香材，也有几种香材合烧。由于要在炉中放入木炭，所以一般炉的腹部较大，多带有炉盖。炉盖、炉壁、炉底开许多小孔帮助燃烧和散发香味。炉盖可以控制燃烧速度，防止火灰溢出。炉下承盘贮水，既可盛灰亦可增加水汽，使香味润泽好闻。其中，博山炉是一种造型特殊的熏炉。

汉代博山炉的出现，主要是受战国至两汉的升仙观念影响，其炉盖雕刻为海外仙山状，明显有神仙信仰的祈祷含义。此外，实用性的考虑不可忽视，博山炉内部有足够的空间，可满足以炭块助燃树脂香料的新需求，无须以炉盖来控制香味散发。时人可通过控制炭火慢慢加热香料，香味徐徐散发又少烟气，博山炉的实用功能可见一斑。

刘胜墓出土的错金博山炉装饰可谓雕琢繁复，富丽堂皇。圈足上饰错金卷云纹，足柱上雕出三条出水腾龙，龙体矫健，龙首上昂承托炉盘。炉盘和炉盖上均饰错金流云纹，线条劲健流畅，技艺高超精湛。再如兴平出土的错金银竹节博山炉，炉座为圈足，座上透雕两蟠龙，龙体鎏金，鳞甲，眼、须、爪鎏银，龙翘首衔炉柄。炉柄为细长的五段竹节状，柄上端向外伸出三龙，龙首上昂承托炉盘，龙身鎏金，爪鎏银。炉盘中部有宽带纹一周，其下有十组三角纹，三角内饰蟠龙纹，底鎏

西汉 鼎形铜熏炉（河北博物院 藏）

青铜豆香炉（大都会艺术博物馆 藏）

银，蟠龙鎏金。宽带纹内浮雕四条腾波出水的巨龙，龙体鎏金。

博山炉代表了汉代香薰造物艺术的最高水平，以至于汉和汉以后出现了大量咏博山炉的诗赋。

两汉时有佚名诗清楚地描绘了博山炉的外在特征及精巧的设计和制作，"四座且莫喧，愿听歌一言。请说铜炉器，崔嵬象南山。上枝似松柏，下根据铜盘。雕文各异类，离娄自相联。谁能为此器，公输与鲁班。"西汉刘向《熏炉铭》不但对造型和熏香予以咏赞，也指出了其通神的用途："嘉此正器，崭岩若山。上贯太华，承以铜盘。中有兰绮，朱火青烟。蔚术四塞，上连青天。雕镂万兽，离娄相加。"东汉李尤也曾作《熏炉铭》描述了博山炉，说："上似蓬莱，吐气委蛇，芳炯布绕，遥冲紫微。"唐代《初学记》二十五中记载《博山香炉赋》"器象南山，香传西国。丁谖巧铸，兼资匠刻。麝火埋朱，兰烟毁黑。结构危峰，横罗杂树。寒夜含暖，清霄吐雾。制作巧妙独称珍，淑气氛氲长似春。随风本胜千酿酒，散馥还如一硕人。"

博山炉产生的原因有两点。一是香料发生变化，脂类香料输入，须置于炭火等燃料上熏烤，博山炉的产生是为适应新的香料品种。二是受秦汉时期道教神仙思想影响并与汉武帝推重有关。

因汉武帝奉仙好道，故此时的博山炉追求于仙山、仙岛的奇幻梦境，炉盖高耸似山，模拟仙山景象，山间饰有灵兽、仙人，镂有隐蔽的孔洞用以发散香烟。座下设有贮水或兰汤的圆盘，象征东海，用以润气蒸香。焚香时，香烟从镂空的山形炉盖中飘散而出，宛如云雾缭绕的修道仙山。博山炉似把神话传说中虚无缥缈而又令人神往的三座仙山真实地展现在世人面前，表现出人们追求长生不老的美好愿望。据史料记载，汉代还有更加精巧的"五层博山炉""九层博山炉"。焚香后香炉各层有序的自然转动，致使图案巧妙变换。这些香具以及焚香后出现的奇妙景象，既可促进人们思维灵光的迸发，也不断地改变着人们的审美取向。

博山炉的出现，使熏香的风习更加普遍，也使熏炉从实用器演变成一种彰显主人修养、风格、品位、地位的装饰品。

西汉 错金博山炉
（河北博物院 藏）

随身香器：香囊

佩香之德从春秋始。据《礼记内则》记载："男女未冠笄者，咸盥、漱、栉、縰、拂髦、总角、衿缨，皆佩容臭。"东汉郑玄注曰："容臭，即香物也。以缨佩之，为迫尊者，给小使也。"意指未成年的男女在拜见父母长辈时需佩戴香囊以示敬意。

屈原《离骚》中这样描述："扈江篱与辟芷兮，纫秋兰以为佩"。其中的江篱、辟芷、秋兰均为香草，佩在这里既指香囊，也含佩戴之意。《广韵平支》云："縭，妇人香缨，古者香缨以五彩丝为之，女子许嫁后系诸身，云有系属。"这种风俗是后世女子系香囊的渊源。南北朝时期佩带香囊已成为一种制度，并出现了丝织物做成的荷囊，官员们身上佩带荷包主要是用来表示品级地位。《隋书·礼仪志六》记载着"（北朝）囊，二品以上金缕，三品金银缕，四品银缕，五品、六品彩缕，七、八、九品彩缕，兽爪。官无印绶者，并不合佩囊及爪。"

进入隋唐时期，真正意义的球形熏炉才开始出现，又被称为香球、香囊，传世及出土的实物资料较多。在唐代文人的笔下多有描绘和吟咏。香球主要由挂钩、挂链、球盖、球身、外持甲环、内持平环、焚香盂、铆钉、钩链几部分组成。它们大多为银质，或有鎏金，通体镂刻花鸟纹样。香囊由上下两个半球组成，以子母扣相扣合，中有活轴连接。另一侧有钩环，起控制香囊开合的作用。顶部有一钩链，可供悬挂。香囊内部为一半球形焚香金盂和内外两个平衡环，两环之间以及外环与银球、内环与金盂之间分别以活轴相连，轴与轴均互成直角交叉。上下两个半球合拢时，可利用同心机环造成的机械平衡原理，使焚香盂始终保持在水平状态。

香囊也称香毬。香毬最早记载于《西京杂记》中："长安巧匠丁缓者，为常满灯，七龙五凤，杂以芙蓉莲藕之奇，又作卧褥香炉，一名被中香炉。本出房风，其法后绝，至缓始更为之，为机环，转运四周，而炉体平，可置之被褥，故以为名。"香毬是汉代发明家丁缓发明的，在唐代大量生产与使用，是最能代表唐代工

清 镀金葫芦式香囊（台北故宫博物院 藏）

　　香囊全器呈葫芦形。葫芦的上半部实际上为盖子，呈如意云头形。拆开后可将香品装入囊中。囊腹呈香荷包状。上下有珠子及结饰。香囊外侧有贯耳，可以穿绳而过，囊顶的珠子起系紧绳子的作用。

艺美术方面成就的典型器物之一。

唐代时期的香毬大多是金银材质，分为四大类：①被中香毬。这种香毡主要在床上使用，作为熏被之用，下面有一个托盘。②手持式香毬。这是根据明清时期人民使用的暖手炉改造的，所以还称为暖手炉。最为典型的是日本正仓院所藏的唐代熏球。③袖香毬。明清时期还生产出一种香毬，叫作袖香毬，在小私囊中放入香毡，所以还称为香袖。④被人们悬挂在房梁上的是悬挂香毬。这类香毬一般是银制，有一根可以悬挂的绳子，用来熏屋，熏床等。因而常被人称为"闺阁之香"。古代达官贵胄在出行时会将其挂在车上，被后人誉为"香车宝马"。最具代表性的香毬是1963年陕西西安沙坡村出土的唐代花鸟纹鎏金银香毬，其内部结构在所有的香炉中是独一无二的。无论香毬如何滚动，内置燃香的小香盂都不会发生倾倒，里面燃烧着的香料都不会洒出，香烟依然可以从香毬的镂空处缓缓溢出。香毬的内部结构体现了设计者极高的智慧，西方类似结构的陀螺仪于16世纪才出现。香毬的设计体现出科学的造物观和高度的艺术审美价值，香毬装饰主要有植物纹样以及动物与植物的组合纹样。在直径几厘米的圆球上，装饰纹样的布局和处理非常的精美细致。不同种类的香毬，有着不同的尺寸、纹样，适用于人们生活。

丝绢的香囊虽然美观，其局限性也很明显，即香气挥发缓慢，熏陶的范围也十分有限。要想使香气能更浓郁地散发于较大的空间，就必须将之熏炙，而且有些进口的粉末、块、片状香料也只有在燃烧时方能散发出浓烈幽远的香味。熏香也可在一定程度上代替燃料，祛除湿气，提高室内温度。宋代陈元靓《岁时广记》引《述异记》曰："汉武帝时外国贡辟寒香，室中焚之，虽大寒，必减衣。"又引《云林异景志》云："宝云溪有僧舍，盛冬若客至，则不燃薪火，暖香一炷，满室如春，人归更取余烬。"出于这样的原因，可以焚香的熏香器熏炉诞生了。

清 镂雕玉双龙戏珠腰果式香包（台北故宫博物院 藏）

清代 铜制 夔龙纹方熏香

清 乾隆 灵芝双耳熏香炉
（铜胎掐丝珐琅）

海棠式熏香炉

清 铜制 海棠式熏香炉

取暖香衣：熏笼

熏笼由一般用竹片编成，形状如敞口的竹笼，主要用来扣覆在熏炉上熏香被褥及衣巾。马王堆汉墓中出土有一件属西汉早期的熏笼，如截锥状，敞口较大，底稍小，竹条编成，孔眼较大，外面围一层薄绢。在战国时期的楚国墓葬中，多有一种被称为镂孔杯的器具，有学者考证其为熏香器，造型上跟马王堆出土的熏笼颇相似，杯身及底满布镂孔，且多为铜制，镂孔多为蟠螭纹，制作精美。满城汉墓中还出土有一件铜提笼，出土时有一件带柄熏炉置于其内，二者应为一套器具。此提笼圆筒形，周身饰以三圈菱形镂空纹样，口沿部有细条提梁。类似的例子，在扶风法门寺地宫出土的银提笼中，其中有一件也装香囊两枚，造型及用途上应与满城汉墓当中的提笼相同。

从文献记载来看，熏衣的风俗在魏晋南北朝以后极其流行，这时的熏笼当也有不少制作，除了竹片编制外，往往还有瓷质熏笼。如西安隋丰宁公主墓中出土的一件绿釉熏炉。其形制为圆顶，中央一孔，弧肩以下渐凸至腹部直下成桶状，从顶到底浑然一体。上腹部镂窗棂形长条孔和涡轮式镂孔各两个，两两相对，距离相等。光滑流畅的外形，侧置的多个出烟孔，较低的中心都方便于将衣物覆盖其上。尤其可贵的是，出土时器腹内储存香木灰，并微余香气，可确定无疑其用途。据此，可为造型相似的几件器物正名，如李静训墓出土的"青瓷平底小盒"及安阳隋墓出土的"小仓"。

熏炉除了芳香净化空气外，还有一种用途就是熏衣被。《汉官仪》中记载："尚书郎入直台中，给女侍史二人，皆选端正。指使从直，女侍史执香炉烧熏以从入台中，给使护衣。"辛追的香熏炉，上有网罩，是用竹篾编成骨架，上蒙细绢，炉内所焚的香物通过细绢过滤，既可熏香衣物，又能驱逐秽气。

根据宋代洪刍《香谱》"薰香法"可知薰衣的程序极为讲究：薰衣前先在香盘

里倒上热水，这是为了"杀火气"，增加衣物的湿润度，也有利于香气持久。第二步是把一只香炉放置于香盘当中，扣上熏笼，把待熏衣物覆盖在熏笼上，待衣物湿润后，在汤炉中烧一枚香饼子，再用灰或薄银碟子把香饼子盖上，然后将衣服摊展在熏笼上，慢慢熏烘。熏完后叠好衣物，隔夜再穿，这样可以保证香气数日不散。

唐代还有独特的熏衣法，《云溪友议》记载：元载的妻子"以青紫丝绦四十条，条长三十丈，皆施罗纨绮绣之饰，每条绦下，排金银炉二十杖，皆焚异香，香亘其服"。

魏晋南北朝时期，香料品种丰富，用香风气盛于两汉，熏衣被之风在上层社会广泛流行。《颜氏家训》卷三《勉学第八》载："梁朝全盛之时，贵游子弟，多无学术……无不熏衣剃面，傅粉施朱"。用于熏衣被的熏笼在这一时期广泛使用。晋《东宫旧事》载："太子纳妃，有漆画手巾，熏笼二，又大被熏笼三，衣熏笼三。"在这一时期出现了不少吟咏熏笼的诗赋，前文引用的梁萧正德《咏竹火笼》、沈约《咏竹火笼诗》、刘孝威《赋得香出衣》等等，写出了熏衣被的情趣。

这时期开始出现一些熏衣香方，东晋葛洪撰《肘后备急方》记载了"六味熏衣香方"：沉香一片、麝香一两、苏合香（蜜涂、微火炙少令变色）、白胶香一两、捣沉香令破如大豆粒，丁香一两亦别捣令作三两段，余香讫蜜和为炷烧之。若熏衣着半两许，又藿香一两，佳。

燃香工具

香炉

焚香的器具。

一般为材质为金属或陶瓷等制作而成。

香箸

夹香用的筷子。

银叶

云母的薄片或金银制薄片，用来放在炭火上，上置香材。

香刀

切割香料的刀具。

香匙

用来取香用的勺子。

香盘

置放香材的盘子。有香盘、香碳盘等。

陶制香炉

第六章

咏香志

以文会友，馨香在野

　　古代文人喜好以文会友，文人雅士吟咏诗文，议论学问的集会是为"雅集"。历史上名垂千古的文人雅集，是以文会友的盛大聚会，文人墨客在琴、棋、书、画、茶、酒、香、花环绕中吟诗作画，期间催生了许多千古流芳的诗篇佳作和绘画作品。通过流传至今的一些雅集绘画作品，可以清晰地看到当时的香事香器以及文人雅士备香、焚香的场景。除了《西园雅集图》，历史上最著名的雅集还有两个，一个是发生在东晋绍兴的"兰亭集"，因"天下第一行书"《兰亭集序》而名垂青史；另一个是发生在元末的《玉山雅集图》，因持续时间久、规模巨大、创作最多而闻名。

《西园雅集》

　　苏轼的诗文中有个常出现的地方——西园。《水龙吟》中有："不恨此花飞尽，恨西园，落红难缀。"西园是宋朝驸马王诜的花园，王诜是个爱好文学的贵族，也是苏东坡的粉丝，经常邀请当时有名望有地位的人到他园子里焚香、挂画、插花、喝茶，聚会聊天的同时再顺便搞些创作。

　　宋神宗元丰初，王诜曾邀苏轼、苏辙、黄庭坚、米芾、秦观、李公麟以及日本圆通大师等当代十六位文人名士在此游园聚会，会后李公麟作《西园雅集图》。画中，这些文人雅士风云际会，挥毫用墨，吟诗赋词，抚琴唱和，打坐问禅，衣着得体，动静自然，书童侍女，举止斯文，落落大方。不仅表现出不同阶层人物的共同特点，还画出了尊卑贵贱不同人物的个性和情态。米芾书写了《西园雅集图记》云："水石潺湲，风竹相吞，炉烟方袅，草木自馨。人间清旷之乐，不过如此。"

虽然西园的主人是王诜，但苏轼才是这次聚会的灵魂人物，王诜用他庞大的关系网，召集了参加聚会的人员，可以说，这个集会凝聚了当时从政治圈到书画圈的各界名流，因而，此次集会的名声也越传越广，被誉为宋代文坛的一大盛事。后人

宋 刘松年西园雅集（台北故宫博物院 藏）

景仰之余，纷纷摹绘《西园雅集图》。历代著名画家马远、刘松年、赵孟頫、钱舜举、唐寅、尤求、李士达、原济、丁观鹏等，都曾画过《西园雅集图》。以致《西园雅集图》成了人物画家的一个常见画题。

《兰亭雅集》

魏晋时期，文人雅集十分盛行，其中有四大雅集最负盛名。

一是曹氏父子与建安文士的邺宫之集。建安九年，曹操攻下邺城，为了使人心归服，曹操大肆网罗文士，喜好文学的曹丕、曹植兄弟也加入其中，邺城遂成为曹氏集团的政治和文化活动中心。在留守邺城的日子里，曹氏父子与一群文人经常聚会于文昌殿西边的铜雀园，即西园，众主宾"行则连舆，止则接席，何曾须臾相失。每至觞酌流行，丝竹并奏，酒酣耳热，仰而赋诗。"

第二大雅集是七贤的竹林之游。据《世说新语》记载："陈留阮籍，谯国嵇康，河内山涛，三人年皆相比，康年少亚之。预此契者，沛国刘伶。陈留阮咸、河内向秀、琅琊王戎。七人常集于竹林之下，肆意酣畅，故世谓竹林七贤"。七贤的竹林之游非常随意，它没有组织者的精心筹备，也不带有明确的目的性，只是气质相合的几个人会合在一起随意酣饮、清谈。但因为七贤大都入晋不仕，有伯夷、叔齐之风，且放诞不羁，高洁难期，很快成为后世高士的楷模，亦广为诗人和画家所追慕与缅怀。

第三大著名文人雅集活动是石崇的金谷园之会。这其实是一次饯别的集会。西晋元康六年，石崇出镇下邳，适值征西晋大将军王诩从京城还长安，石崇邀请众多好友齐聚其别墅金谷园，为王诩饯行，即"金谷之会"。是时，丝竹之音不绝于耳，文人们临流而坐，饮酒赋诗，诗不成者，罚酒三斗。本次雅集，文人多有佳作，石崇便作《金谷诗序》一文，以作纪念。

第四大文人雅集，也是影响最深远的一次雅集，是东晋的兰亭之会。永和九年，王羲之与谢安、孙绰、王彬之等以王谢大族为中心的江南名士四十二人，于会稽山阴之兰亭举行"修禊"，活动中曲水流觞，赋诗咏怀。这次集会得二十六人所作诗歌三十七首，汇为《兰亭集》，王羲之和孙绰分别为序，附于前后。其余不能赋诗的十六人，各依"金谷酒数"受罚。由于雅集参加者地位之重，格调之高，诗文之美，以及王羲之书法之精良，兰亭雅集成为后世历代文人倾慕怀念的雅集典范，也成为历代文人画家竞相描绘的雅集题材。

因为金谷雅集惟存石崇诗序和少数诗歌残句，而兰亭雅集不仅诗、序皆存，而且也因王羲之《兰亭集序》优美的文字和隽逸的书法进一步加速了兰亭雅集的传播。兰亭雅集在后代的不断传播过程中，逐渐形成了文人雅集的范式，雅化了上巳习俗的文化内容，作为一个独特的文化符号与意象，兰亭也成为后世文人浪漫的文化记忆。

《玉山雅集》

据记载，元末顾瑛召集、杨维帧主盟的玉山雅集持续二十年，雅集多达五十余次，参与人数三百余人，是元末东南吴中地区（今苏州一带）有极大影响的文人雅集活动，以其诗酒风流的宴集唱和，被《四库提要》赞为"文采风流，照映一世"。《草堂雅集》中所收唱咏的诗人达到八十人之多，作品五千余首，占据了整个元代诗歌总量的十分之一。这些诗人不但擅于诗文曲赋，还精通画、琴、棋诸艺，对后世影响很大。如绘画中的元四家黄、倪、王三家先后皆出入过玉山雅集，著名画家张渥、王冕、赵元等也都留下了诗书画合璧的佳作。

顾瑛又名顾德辉、顾阿瑛，字仲瑛，自号金粟道人。江苏昆山人，元昆山属江浙行省平江路（今在昆山巴城镇）。《明史·文苑一》记其生平云："家世素封，轻财结客，豪宕自喜。年三十，始折节读书，购古书、名画、彝鼎、秘玩，筑别业于茜泾西，曰玉山佳处，晨夕与客置酒赋诗其中。四方文学士河东张翥、会稽杨维

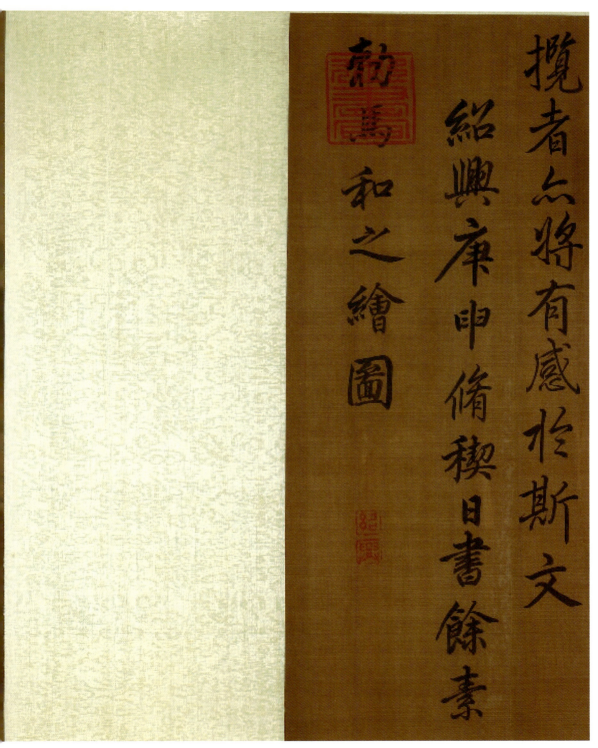

攬者亦將有感於斯文

紹興庚申脩稧日書餘素

和之繪圖

宋 高宗书兰亭叙马和之补图（局部，台北故宫博物院 藏）

桢、天台柯九思、永嘉李孝光，方外士张雨、于彦、成琦、元璞辈，咸主其家。园池亭榭之盛，图史之富暨饩馆声伎，并冠绝一时。而德辉才情妙丽，与诸名士亦略相当。……张士诚据吴，欲强以官，去隐于嘉兴之合溪士诚再辟之，遂断发庐墓，自号金粟道人。及吴平，父子并徙濠梁。洪武二年卒。"

顾阿瑛在阳澄湖畔大举修筑"玉山佳处"，建有玉山草堂、湖光山色楼、浣纱馆、小桃源、金粟轩等二十余处景致雅居。顾阿瑛家世素丰，他轻财结客，豪宕自喜。三十岁后他不再经商，开始读书，购买古书、名画、彝鼎、秘玩，广邀天下文友墨客，穿行在优雅大气的园林之间，吟诗题句、唱曲觞酒、赏画泼墨、品鉴古玩。从至正八年（1348年）到元代末年，海内文人名士如张雨、黄潜、袁华、黄公望、倪瓒、杨维桢、柯九思、王蒙、朱珪等均到过顾阿瑛的玉山草堂雅集。

玉山雅集不但是元代历史上规模最大、历时最久、创作最多的诗文雅集，而且在中国文学史上，也是空前持续的文化盛会。

清人对顾瑛及其玉山雅集，富有代表性的看法，兹择以《廿二史札记》"元季风雅相尚"条所云："元季士大夫好以文墨相尚，每岁必联诗社，四方名士毕集，燕赏穷日夜，诗胜者辄有厚赠……又顾仲瑛玉山草堂，杨廉夫、柯九思、倪元镇、张伯雨、于彦成诸人尝寓其家，流连觞咏，声光映蔽江表。此皆林下之人，扬《风》扢《雅》，而声气所届，希风附响者，如恐不及。其它以名园、别墅、书画、古玩相尚者，更不一而足。"

清人纪晓岚《四库全书总目提要》评论"玉山雅集"："元季知名之士，列其间者十之八九。考宴集唱和之盛，始于金谷、兰亭，园林题咏之多，肇于辋川、云溪，其宾客之佳，文词之富，则未有过于是集者。"

如果说兰亭雅集、西园雅集的召集人、参加人均为文人和风雅的有文化的政府官员的话，那么，"玉山雅集"的参加人，则是文化人、绅商、官员、名妓等等各界名流荟萃，召集人顾瑛更是集富商、文化人、名士于一身。"玉山雅集"是一个正统文化、亚文化，雅文化、俗文化汇流的"文化多元"的盛会。

文人雅集虽是历史的瞬间，但作为社会发展中的文化现象，是文化艺术史的一种延续。东晋时期的兰亭雅集与北宋时期的西园雅集以及元代后期的玉山雅集，都是著名的文人集会。

铜香盒

沉香雕山子

以香抒意，体物传情

自有文字记载起，文人墨客咏香绘香，香被赋予多种意蕴，人们借香抒情言志，咏香诗文不胜枚举。中国古典文学史上有大量的咏香诗词曲赋作品。古人关于香的引用和描写，不但记录了古人的用香方式，也体现出香在当时的作用和价值。同时，古代文人对香的吟歌诵叹，也丰富了文学作品。

先秦：吟香诗歌的华夏之源

《诗经》是中国最早的诗歌总集，是诗乐舞的呈现，在当下的视角看，约等于歌词。《诗经》其中不乏关于香草植物的描写，《周颂·载芟》更是首次将花椒纳入文学视野。先秦时期，古人在饮食、节庆、医药、祭祀等日常生活中频繁使用花椒，又因花椒籽粒繁多，象征多子，这些于崇尚子孙满堂的古人来说非常吉祥，故花椒在《诗经》中多表现出古人对生命繁衍的关注。而《楚辞》里诗句从花椒气味芬芳的特点出发，用花椒比喻忠贞君子。"申，重也。椒，香木也。其芳小，重之乃香。勿，索也。蕙、茝，皆香草，以谕贤者。言禹、汤、文王，虽有圣德，犹杂用众贤，以致于治，非独索蕙茝，任一人也。"

我们常说的《楚辞》中的香草美人是两种不同的文化内涵，"香草"比喻美德或美好的事物，"美人"比喻楚王或君子或自喻。"香草美人"这一名词并非始于离骚，而是来源于西汉王逸的《离骚序》："《离骚》之文，依《诗》取兴，引类譬喻，故善鸟、香草以配忠贞……灵修、美人，以譬于君。"香草美人从此便成为政治的譬喻，代表美好的政治制度与高洁的人品，对后世诗人造成了巨大的影响。

《楚辞》中提到的"香草"意象有很多处，重叠穿插在屈原的《离骚》《九歌》《远游》《九章》等篇目中，而以《离骚》篇中为最多。

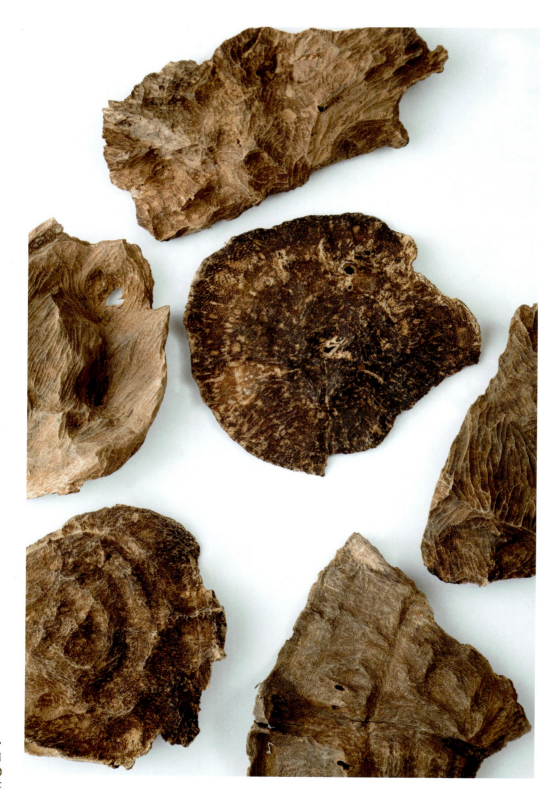

沉香

《离骚》是屈原带有自传性质的长篇抒情诗，写于屈原被楚怀王疏远之时。《离骚》中列举众多芳香植物比喻贤能之人，花椒、菌桂、蕙、茝同列，屈原以它们芳香的气味比喻臣子拥有的高尚的品格。善鸟香草，以配忠贞，屈原将花椒芳香的气味与忠臣贤士坚贞忠诚的品德联系起来，赋予花椒忠诚、坚贞、爱国的品格。正因为屈原认为花椒之芳香如同君子之美德且是献祭神灵的洁美之物，他以极浪漫的手法描绘他以花椒为食、用花椒装饰厅堂、攀折花椒、向长有椒树的山丘游荡等场景。

　　《九歌》是巫术祭歌，咏唱神灵之恋和神巫之恋。香草便是祭祀中用来取悦于神的祭品，成为与神沟通的媒介。《九歌》中举凡神灵的处所、佩饰、祭品、赠物等，都离不开香花香草，借以将灵巫的世界装扮得香草缤纷。如《云中君》写道："浴兰汤兮沐芳，华采衣兮若英。"《东皇太一》描写祭祀东皇太一："吉日兮辰良，穆将愉兮上皇。……蕙肴蒸兮兰藉，奠桂酒兮椒浆。"《湘君》："采芳洲兮杜若，将以遗兮下女。"《湘夫人》："搴汀洲兮杜若，将以遗兮远者。"

唐代：诵香古诗的极盛时期

　　由于唐朝海陆"丝绸之路"的繁华，促进了香料贸易，许多域外香料涌入中原，丰富了香料的品种，使香品制作也呈现出更多种形态。晚唐以来深受文人喜爱的印香（香粉回环往复如篆字）即被赋予了丰富的诗意与哲理。

　　《香印》诗中，诗人王建闲来无事坐于案上，焚上一印香，房间里萦绕着一股子松柏之气。"闲坐烧印香，满户松柏气。火尽转分明，青苔碑上字。"诗中提到的印香即香篆，是指用模具把多种香料捣末和匀而成的香粉做成带有图案和文字的香品。香篆最初用于寺院里诵经，可以通过它燃烧程度和香末文样来计算时间。唐代时香印已流行，民间也普遍用香印计时。

　　李商隐《烧香曲》有"钿云蟠蟠牙比鱼，孔雀翅尾蛟龙须。漳宫旧样博山炉，楚娇捧笑开芙蕖。八蚕茧绵小分炷，兽焰微红隔云母。白天月泽寒未冰，金虎含秋向东吐。玉佩呵光铜照昏，帘波日暮冲斜门。西来欲上茂陵树，柏梁已失栽桃魂。露庭月井大红气，轻衫薄细当君意。蜀殿琼人伴夜深，金銮不问残灯事。何当巧吹君怀度，襟灰为土填清露。"其中"兽焰微红隔云母"指的是隔火熏香。而其另一首诗《无题》"飒飒东风细雨来，芙蓉塘外有轻雷。金蟾啮锁烧香入，玉虎牵丝汲井回。贾氏窥帘韩掾少，宓妃留枕魏王才。春心莫共花争发，一寸相思一寸灰。"其中"一寸相思一寸灰"所写则是香烛，与《烧香曲》中"小分炷"相同，也是早期的线香。

唐诗中以香花、香草、香球、香料，诸如丁香、含香、兰、麝、菊、牡丹等香为歌咏对象的诗歌很多，如岑参《优钵罗花歌》、皎然《奉酬陆使君见过各赋院中一物得江蓠》、罗隐《香》、元稹《香毡》等皆是。王维有诗《春过贺遂员外药园》写道"前年櫵篱故，新作药栏成。香草为君子，名花是长卿"。这些诗歌或对香的外形、颜色、香味、功用做细致描绘，或借物喻人，抒写人生感慨，总而言之，也已然超出了对香花、香草本身的描摹，而有了更为丰富的意蕴。其中直接以香名诗的诗也有不少。如杜甫《江头五咏·丁香》便是以"丁香"为题，"丁香体柔弱，乱结枝犹垫。细叶带浮毛，疏花披素艳。深栽小斋后，庶近幽人占。晚堕兰麝中，休怀粉身念。"全诗通过对丁香细叶、浮毛、疏花、素艳的描写，结合其深栽于小斋后院之境遇，写其只合幽人细赏，而不可与兰麝相混，以丁香自身的高贵特性喻人之品性高洁。

唐诗中所描绘的茯苓、兰麝、蕙、沉香、荷、桂、松柏、龙脑、芸、苏合香等，涉及香花、香料、香粉种类繁多，且地域范围广涵中外。由此可见唐人对香的使用已相当广泛，且对香的性能了解更加深入了。唐诗当中，对香意象的吟咏已经成为独立的诗歌题材了。香花、香草、香料、香木已不仅仅作为香的意象而存在，而是成为了诗人情感的物化，用以表现丰富而多样的情感诉求。

宋代：歌香曲词的黄金时代

苏轼是中国传统文化中最具典型的文人代表，在香文化史上亦有重要地位。苏轼不仅用香品香，还制香和香。他与黄庭坚因香结缘，互动频繁，留下许多"香诗"趣事。

黄庭坚一生横遭两次贬谪，从政坎坷，然而在文学艺术上成就非凡，学问文章，天成性得，诗风广披后人，为江西诗派之诗宗。在书法方面，善行、草书、楷法皆卓然自成一家，与苏轼、米芾、蔡襄被誉为"宋四家"。在文学诗歌、书法艺术领域，黄庭坚早已拥有无数的追随者与研究者。

苏轼，字子瞻、和仲，号铁冠道人、东坡居士，世称苏东坡、苏仙，汉族，眉州眉山（四川省眉山市）人，祖籍河北栾城，北宋著名文学家、书法家、画家。

黄庭坚，字鲁直，自号山谷道人，晚号涪翁，洪州分宁人（今江西修水）。生于仁宗庆历五年（1045），卒于徽宗崇宁四年（1105），年61岁。

黄庭坚第一次在京与苏轼相见是以秘书省校书郎被召之际，黄庭坚作诗《有惠江南帐中香者戏赠二首》赠给苏轼，其一云："百炼香螺沉水，宝熏近出江南。一穟黄云绕几，深禅想对同参。"其二云："螺甲割昆仑耳，香材屑鹧鸪斑。欲雨鸣鸠日永，下帷睡鸭春闲。"

诗中黄庭坚从他人所赠的帐中香谈起，继而分析帐中香的成分、香味、焚香的时机以及用何种香具，等等。第一首诗黄庭坚以精心炮制的"香螺"（即螺甲或甲香）、"沉水"（即沉香）开首，表明帐中香来自江南李主后宫，这种百炼而成的"宝熏"，当时刚刚流行于江南一带。然后以香飘的形态，来烘托诗中主角与同伴一起专注参禅的幽静、祥和、沉默的气氛。后一首开篇与前一首的前两句相呼应，通过在制香过程的细致观察，描写了香材的外形及原料上一点一点的斑纹。

随后苏轼以诗《和黄鲁直烧香二首》回应："四句烧香偈子，随风遍满东南；不是闻思所及，且令鼻观先参。万卷明窗小字，眼花只有斓斑；一炷烟消火冷，半生身老心闲。"两组四首六言咏香小诗，见证了黄庭坚与苏东坡之间最初结交的一段情谊，也是苏、黄二人日后不断分享烧香参禅生活情调的一个缩影。在苏黄应答诗中，两人以香所结的情缘，同修共参，令人动容，所谓气味相投，莫过于此。

苏轼：沉香山子赋

苏轼六十四岁时深陷逆境，时值其弟苏辙六十大寿，便作《沉香山子赋》，题下自注"子由生日作"。"古者以芸为香，以兰为芬，以郁鬯为裸，以脂萧为焚，以椒为涂，以蕙为薰。杜衡带屈，菖蒲荐文。麝多忌而本羶，苏合若芗而实荤。嗟吾知之几何，为六入之所分。方根尘之起灭，常颠倒其天君。每求似于仿佛，或鼻劳而妄闻。独沉水为近正，可以配蘦卜而并云。矧儋崖之异产，实超然而不群。既金坚而玉润，亦鹤骨而龙筋。惟膏液之内足，故把握而兼斤。顾占城之枯朽，宜爨釜而燎蚊。宛彼小山，巉然可欣。如太华之倚天，象小孤之插云。往寿子之生朝，以写我之老勤。子方面壁以终日，岂亦归田而自耘。幸置此于几席，养幽芳于悦纷。无一往之发烈，有无穷之氤氲。盖非独以饮东坡之寿，亦所以食黎人之芹也。"

全诗借着沉香山子（即沉香块料山料雕成的山形工艺品）为喻，隐喻坚贞超迈的士君子，以此激励子由，可谓大有深意。整篇寿赋构思奇妙，妙在笔笔不离沉香，却处处在颂扬一种卓然不群的品格。

黄庭坚：黄太史四香

自称有"香癖"的黄庭坚，对香的制作和品鉴有独到之处。宋元之际，黄庭坚善用香之名已为时人所注重，陈敬《陈氏香谱》收录众多香方，汇集其中与黄庭坚有关、最为著名之四帖香方，称为"黄太史四香"，即：意和香、意可香、深静香、小宗香等。"黄太史四香"为此四香皆非黄庭坚所创，但因黄庭坚而知名。

棋楠香雕刻摆件

意和香

香方：沉檀为主。每沉一两半，檀一两。斫小博骰体，取榠楂液渍之，液过指许，浸三日，及煮干其液，湿水浴之。紫檀为屑，取小龙茗末一钱，沃汤和之，渍碎时，包以濡竹纸数重熨之。螺甲半两，磨去龃龉，以胡麻熬之，色正黄则以蜜、汤遽洗之，无膏气，乃以青木香为末，以意和四物，稍入婆律膏及麝二物，惟少以枣肉合之，作模如龙涎香状，日熏之。

意和香为黄太史四香之首。哲宗元祐元年（1086）时黄庭坚在秘书省，贾天锡以意和香换得黄庭坚作小诗十首。黄庭坚焚香之后惊喜不已，犹恨诗语未工，未能尽誉此香，甚至"甚宝此香，未尝妄以与人"，显示对此香的珍爱。黄庭坚《跋自书所为香后事》云：

贾天锡宣事作意和香，清丽闲远，自然有富贵气，觉诸人家和香殊寒乞。天锡屡惠赐此香，惟要作诗。因以"兵卫森画戟燕寝凝清香"作十小诗赠之，犹恨诗语未工未称此香耳。然于甚宝此香，未尝妄以与人。城西张仲谋为我作寒计，惠送骐骥院马通薪二百，因以香二十饼报之。或笑曰："不与公诗为地耶？"应之曰："诗或为人作祟，岂若马通薪，使之冰雪之辰，铃下马走皆有挟纩之温耶！学诗三十年，今乃大觉，然见事亦太晚也。"

而黄庭坚为此意和香所做的诗，即《贾天锡惠宝熏乞诗多以兵卫森画戟燕寝凝清香十字作诗报之》如下：

险心游万仞，躁欲生五兵。隐几香一炷，露台湛空明。

昼食鸟窥台，宴坐日过砌。俗氛无因来，烟霏作舆卫。

石蜜化螺甲，榠櫨煮水沈。博山孤烟起，对此作森森。

轮困香事已，郁郁著书画。谁能入吾室，脱汝世俗械。

贾侯怀六韬，家有十二戟。天资喜文事，如我有香癖。

林花飞片片，香归衔泥燕。闭合和春风，还寻蔚宗传。

公虚采苹宫，行乐在小寝。香光当发闻，色败不可稔。

床帷夜气馥，衣桁晚烟凝。瓦沟鸣急雪，睡鸭照华灯。

雉尾映鞭声，金炉拂太清。班近闻香早，归来学得成。

衣箄丽纨绮，有待乃芬芳。当年真富贵，自熏知见香。

意可香

香方：海南沉水香三两，得火不作柴柱烟气者。麝香檀一两切焙。衡山亦有之，宛不及海南来者。木香四钱，极新者，不焙。玄参半两，剉、炒炙。甘草末二钱，焰硝末一钱，甲香一分，浮油煎令黄色，以蜜洗去油，复以汤洗去蜜，如前治法，为末。入婆津膏及麝各三钱（另研，香成旋入）右皆末之，用白蜜六两熬，去沫，取五两和香末，匀，置磁盒，窨如常法。

香跋：山谷道人得之于东溪老，东溪老得之于历阳公。其方初不得之所自，始名宜爱。或云此江南宫中香，有美人曰宜娘，甚爱此香，故名宜爱。不知其在中主、后主时耶？香殊不凡，故易名意可，使众不业力无度量之意。鼻孔绕二十五，有求觅增上，必以此香为可。何况酒炊玄参，茗熬紫檀，鼻端以濡然乎？真是得无主。意者观此香，莫处处穿透，亦必为可耳。

意可香，黄太史四香之二。据《陈氏香谱》记载原为南唐李主时期宫中香，辗转流传，传至北宋时期沈立、梅尧臣（字东溪），再至黄山谷。此香初名为"宜爱"，南唐后宫有美人字曰"宜"，甚爱此香，故名宜爱。

不过，黄庭坚认为："香殊不凡，而名乃有脂粉气，易名意可。"以气味比拟众业力之无度量，意可香之气味，处处穿透，了无生意者亦必为可。赋予此香的如此威力，无怪乎流传甚广。

深静香

香方：海南沉水香二两，羊胫炭四两。沉水剉如小博骰，入白蜜五两，水解其胶，重汤慢火煮半日，浴以温水，同炭杵捣为末，马尾罗筛下之，以煮蜜为剂，窨四十九日出之。婆律膏三钱、麝一钱，以安息香一分和作饼子，以磁盒贮之。

香跋：荆州欧阳元老为予制此香，而以一斤许赠别。元老者，其从师也，能受

棋楠

沉香香材

匠石之斤，其为吏也，不剳庖丁之刃，天下可人也！此香恬澹寂寞，非其所尚，时下帷一炷，如见其人。

深静香，黄太史四香之三。其香方以海南沉香为主，最能彰显海南沉香的清婉特征。深静香是欧阳元老特别为黄庭坚所制。

欧阳元老，即欧阳献，字符老，生卒不详，后卜居湖北江陵一带以终。黄庭坚谷与其往来交游。元老个性亲山爱水、恬淡自得。因此当山谷燃深静香一炷时，便想起这位野逸好友，感慨有"此香恬淡寂寞，非世所尚"之语。

小宗香

香方：海南沉水一两剉，栈香半两剉，紫檀二两，半生半用银石器炒，令紫色，三物俱令如锯屑。苏合油二钱，制甲香一钱末之，麝一钱半研，玄参五分末之，鹅梨二枚取汁，青枣二十枚，水二碗，煮取小半盏。用梨汁浸沉、檀、栈，煮一伏时，缓火煮令干。和入四物，炼蜜令少冷，溲和得所，入磁盒埋窨一月用。

香跋：南阳宗少文，嘉遁江湖之间，援琴作金石弄，远山皆与之同响。其文献足以追配古人。孙茂深亦有祖风，当时贵人欲与之游，不可得，乃使陆探微画其像挂壁间观之。茂深惟喜闭阁焚香，遂作此香馈之，时谓少文大宗，茂深小宗，故名小宗香云。大宗、小宗，《南史》有传。

小宗香，黄太史四香之四。以香喻人，以人托香。在小宗香香方中，已经明确说明出南朝宋时已有合香配方；其次，为投宗茂深"喜闭阁焚香"之爱好，所制作小宗香，必定有特殊之处。

黄庭坚与香之情缘深厚，在日常生活中随处可见。如元祐二年（1087）感谢朋友赠送焚香用的香炉，而写下《谢王炳之惠石香鼎》：

熏炉宜小寝，鼎制琢晴岚。香润云生础，烟明虹贯岩。

法从空处起，人向鼻端参。一炷听秋雨，何时许对谈。

鼎形小熏炉，用于午睡小寝，用于参禅，或于书斋中与好友对炉相谈，通过焚香达到"鼻端参禅"意境，正符合士大夫清致的写照。怡情养性的美好香味，在黄庭坚诗文中蕴育而出。

明清：书香小说的繁荣时期

《红楼梦》是诸多咏香文学作品中颇具代表性的一部。《红楼梦》中用香笔墨颇重，书中用香场景之多、香料香品种类之繁、香的用途之广在古典小说中实不多见。

《红楼梦》中贾府使用紫檀香木做成桌案和板壁。贾府在不同场合大量使用不同香品，元春省亲时，宫内赏赐贾母"沉香拐杖一根，茄楠念珠一串"，大观园内"鼎焚百合之香，瓶插长春之蕊"；行宫中"只见庭燎绕空，香屑布地""鼎飘麝脑之香，屏列雉尾之扇"。贾芸向舅舅央求"冰片、麝香"以便送礼，最终在香铺购买了香麝。书中还多次提到各式香炉、香囊以及用熏笼熏衣、熏被，"晴雯自在熏笼上，麝月便在暖阁外边"。

《红楼梦》有人物以"香"取人名，如蕙香、金桂、蘅芜君、麝月等。蕙，为古代主要香料之一，以蕙取名喻女子蕙质兰心；金桂则是桂花的一个代表性品类，桂花香气馥郁，是古代备受青睐的香料，金桂的品性虽与桂花的意境不称，但以"金桂"为名却也表达了家人的向往与期望；蘅芜为一种香气馥郁的香草；麝香则为古代名贵香料，香气浓郁且经久不散。

《红楼梦》中也以"香"取楼名、建筑名、园名、地名，主要有暖香坞、藕香榭、红香圃、蘅芜院等。这些都表现出曹雪芹对香文化的推崇。

除以香命名外，串联《红楼梦》爱情主线的"红香绿玉"意象，奇香、异香、清香、冷香、暖香、鼎香、宫香、暗香等诸多描写香的辞藻。这些关于香的描写足见香文化在《红楼梦》中的地位。

《红楼梦》中香文化的主要表现还体现于人物塑造及刻画方式上，以香为媒可以帮助我们更易理解红楼儿女的独特气质和命运。如薛宝钗的冷香丸和红麝串对人物性格、内在品格和外在形象的刻画作用。

宝钗由于"胎里带来的热毒"，正好有癫头和尚送来海上方"冷香丸"对治。其药方"东西药料一概都有限，只难得可巧二字"：要春天开的白牡丹花蕊十二两，夏天开的白荷花蕊十二两，秋天开的白芙蓉蕊十二两，冬天开的白梅花蕊十二两，将这四样花蕊，于次年春分这日晒干，和在药末子一处，一齐研好，又要雨才幼之日的雨水十二钱，白露这日的露水十二钱，霜降这日霜十二钱，小雪这日的雪十二钱。把这四样水调匀，和了药，再加十二钱蜂蜜，十二钱白糖，丸了龙眼大的丸子，盛在旧磁坛内，埋在花根底下。若发了病时，拿出来吃一丸，用十二分黄柏煎汤送下。

"冷香丸"为作者杜撰，"从放春山采来，以灌愁海水和成，烦广寒玉兔捣碎，在太虚幻境空灵殿上炮制配合者也"。冷香丸作为道具不仅连贯了情节的发展，也从另一个角度修饰了人物性格。

以香载道，著书立说

古代香文化的全面繁荣造就了一大批香学专家和香学著述。

唐代香料品类丰富，唐人经过长期以来对香料性状、用途等知识的积累，虽然尚未形成有关香料的专著，但是唐代医书《海药本草》《备急千金要方》《千金翼方》和《外台秘要》已经汇集了大量香方，对香料的用途、调配有了深入认识。而正是这些医书使香料为普通百姓所认识和使用，促进了香料的普及和用香之风的推广。王建诗云："供御香方加减频，水沉山麝每回新。内中不许相传出，已被医家写与人。"《千金翼方》载："面脂手膏，衣香藻豆，仕人贵胜，皆是所要。"

香学著述以宋朝为最。如丁谓的《天香传》确立了中国香学的品评标准；沈立辑成北宋最早的《香谱》；洪刍的《香谱》作为当今存世最早的《香谱》，其体例为后世各家编纂《香谱》所因循；颜博文的《香史》对古人所用香料进行了详细考证；曾慥所编的《香后谱》对前朝及当朝香料史料多有勾勒；叶廷珪的《南蕃香录》记录海外香料与贸易之事；陈敬的《陈氏香谱》则是宋末香学的集大成之作。此外，赵汝适的《诸蕃志·志物》、范成大的《桂海虞衡志·志香》、周去非的《岭外代答·香门》等书都对香料有集中或专题介绍，甚至宋代李昉等在编修《太平御览》时也辑有"香部"三卷，专论香药及相关典故。此外还有武冈公库《香谱》、张子敬《香谱》、潜斋《香谱拾遗》等。

明清时期最著名的香学著作是周嘉胄的《香乘》。这一经典书籍，其内容囊括了各种香材的产地、特性及如何辨析等知识，同时书中记录了香文化史上的大量典故、趣闻，尤其是书中搜集并整理了宋代以来的诸家香谱，留存许多传世香方。这些香方所体现出来的合香知识、合香制艺技术是后代所有香学研究者和爱好者必不可缺的教材。《普济方》《本草纲目》等医书对香药和香也多有记载。

遗憾的是这些香药专书仅少数几部存世，如今我们仅能从流传下来的资料管窥当年香药专书的记载了。

《陈氏香谱》

陈敬，字子中，北宋末年西京河南府人。

不少文人都撰有《香谱》，尤其是宋代，从沈立、洪刍到陈敬，两宋出现的《香谱》类著作计有十数家。《陈氏香谱》为其子陈浩卿刊刻完成。该谱凡古今香品、香异、诸家修制，印篆、凝和、佩薰、涂傅等香，及饼、煤、器、珠、药、茶，以及事类、传、夸、说、铭、颂、赋、诗，是对宋代前期大量香谱做的收集整合，包括沈立、洪刍等十一家所著的《香谱》，汇为一书，征引繁复，是宋末元初集大成式的香学著作。

《陈氏香谱》全书四卷，记载了当时的香料，介绍了香料出处、历史及香的功效、用途、窖藏、用具、典故等，核心内容是合香的配方。书中所列香料达80种，其中产于域外者占2/3，如龙脑香、沉香、檀香、乳香、安息香、苏合香、鸡舌香、龙涎香等；产于洛阳等中原一带的占1/3，如牡丹、丁香、白芷、梅花等。书中记载

铜香炉

缕缕沉香

现代香插

现代香插

的合香方有100多个，有印篆香方、凝和香方、拟花和百花香方、佩戴香方等。

《香乘》

周嘉胄，字江左，明代末期淮海（今江苏扬州）人。顺治中寓居江宁，十四年（1657）与盛胤昌等称"金陵三老"。擅长装裱等工艺，著有《香乘》一书，李维桢为序，崇祯辛巳（1641）刊成。《中国人名大辞典》记："殚二十余年之力，为《香乘》一书，采摭极博，谈香事者必以是书称首焉"。另撰有《装潢志》。

《香乘》全书共二十八卷。作者赏鉴诸法，旁征博引，累累记载，凡有关香药的名品以及各种香疗方法一应俱全，可谓集明代以前中国香文化之大成，为后世索据香事提供了极大的参照。该书被收录于清代《四库全书》子部谱录，《笔记小说大观》等书籍。

《香史》

颜博文，字持约，生年不详，卒于高宗绍兴二三年间（?—1132、1133），山东陵县人。徽宗郑和八年（1118）进士，任秘书省著作郎官，因参与张邦昌立伪帝事，南渡后贬为澧州安置，绍兴二年又移贺州安置，不久即卒。

所著《香史》有四项特色：一是注重薰闻之法；二是注重品香环境；三是仔细说明合香的修治和合之法；四是对古人所用香料进行了详细考证。

《天香传》

丁谓，苏州人，宋代淳化年进士出身，官至宰相，敕封晋国公。多才多艺，通音律，擅棋琴书画。因被贬至崖州（今海南崖县），流落岭南十五载，七十二岁卒于光州。据《新纂香谱》一书点评："史称丁谓临终之前半月已不食，只是焚香端坐，默诵佛书，不断小口喝一点沉香煎汤，启手足之际嘱咐后事，神识不乱，正衣冠而悄然逝去。"

《天香传》全文两千余字，文中叙述了各朝各代用香历史，尤其是宋朝宋真宗

陶制香炉

陶制香炉

铜香炉

沉香点燃馥郁芬芳

木质香盒

一缕沉香

时期用香与赐香情形及礼节。文中还阐述了海南沉香优良的原因，对海南沉香进行分类和评定，并与其他地方沉香进行优劣对比，由此奠定了海南岛黎母山所产沉香品为第一的地位，其后历朝论香者皆以海南沉香为正宗。

《南蕃香录》

叶廷珪，字嗣忠，号翠岩。生卒年不详，福建瓯宁人。徽宗政和五年（1115）进士，历任德兴县知县、福清知县、太常诗丞、兵部郎中，高宗绍兴十九年（1149）知泉州军州事兼市舶司。

叶廷珪管理泉州市舶司期间，从蕃商访探香料贸易实务，写下了专论南蕃诸香的《南蕃香录》一书，记录了海外香料与贸易之事。此书广为宋人引用，成为地方与海外贸易和物产记录范例，具有很高的史料价值。

《诸蕃志·志物》

赵汝适，字时可，生于孝宗乾道六年，卒于理宗绍定四年（1170—1231）。光宗绍熙元年（1190），以祖泽补侍郎，历任从政郎、文林郎、绍兴府观察判官、武义知县、临安府通判、朝请郎。宁宗嘉定十七年（1224）任福建路市舶司提举。

宝庆元年（1225）赵汝适《诸蕃志》成书。该书的下卷《志物》记录了输往泉州港的主要商品四十七种，兼论海南各地物产，详细记录了香材的产地、形状、制作和用途，具有较高的史料性价值。

《桂海虞衡志·志香》

范成大，字至能，号石湖居士。生于钦宗靖康元年，卒于光宗绍熙四年（1126—1193），江苏吴县人。绍兴二十四年（1154）进士，乾道六年（1170）出使金国，乾道八年（1172）知静江府兼广西经略安抚使。后历任成都、建康等地行政长官，淳熙时，官至参知政事，后因与孝宗意见相左去职，晚年隐居故乡石湖，卒谥文穆。

范成大《桂海虞衡志》专设《志香》一篇，记载各地及交趾所产之香。他高度评价海南崖香，对崖香认识到位，品评准确。

《岭外代答·香门》

周去非，字直夫，生于高宗绍兴五年，卒于孝宗淳熙十四年（1135—1187），浙江温州人。孝宗隆兴元年（1163）进士，历任静江府县尉、州学教授、通判等职。

淳熙五年（1178）周去非著《岭外代答》一书，记两广的物产风物。其中《香门》专篇，记录香品七条十一种，多从指范成大著作，亦补充指范成大著作所记，对于宋人香品产地及特性提供了翔实的资料。

铜香炉

跋　燃我一生之忧伤，换你一丝之感悟

因个人理解不同，本书并未对"香道"相关内容展开叙述。

"香道"一词，因中国现今香文化方兴未艾被广为人知。春秋战国时代，诸子百家将自己的方法理论称之为"道"。老子在《道德经》开篇即开宗明义提出"道可道，非常道；名可名，非常名"。随后，孔子在《周易·系辞传》里有句非常有名的话来诠释"道"："形而上者谓之道，形而下者谓之器。"老子是第一位将"道"作为哲学范畴来进行阐释和论证的思想家，"道"是老子哲学的核心，也是中国古代哲学最重要的范畴之一。在此基础上，当日本的"香道"一词传入中国，人们便为其赋予了符合中国理解的哲学含义。

日本本土并不盛产香料，关于香的最早文字记载于《日本书经》推古三年（公元595年）："沈木漂于淡路岛，其大一围，岛人不知沈木，以薪烧于灶，其烟气远熏，以异则献之"。

日本奈良时代（公元753年），唐代鉴真和尚第六次东渡日本成功后，在奈良东大寺建坛，传授佛学、中医学和香学文化；平安时代（公元8—12世纪），香料走进日本贵族的生活；后经过室町时代贵族学者三条西实隆和将军近臣志野宗信的推动，香道成为东山文化中与茶道、花道并列的"艺道之花"；江户时代，日本香道正式确立，并逐步演变成一种室内艺术。

鉴真和尚六次东渡日本，讲授佛学理论，传播中国文化。不仅促进了日本佛学、医学、建筑和雕塑水平的提高，也将中国香文化传入日本。初时日本的香仅于寺院重要法会活动时供燃香礼佛、清净坛场之用，后来香从庙堂走入王公贵族阶层。日本古典文学名著《源氏物语》多次提到的熏香盛会，就是描述日本贵族们学习"唐人"的样子，经常举行"香会"或称之为"赛香"的熏香鉴赏会。用香风尚广为流传后，在武士、町人阶层和平民中也传播开来。在此过程中，日本将其民族所特有的文化内蕴、美学概念和精神理念融入中国香文化，形成具有日本风格的"香道"。

"道"在中国意义比较特殊，它的字面意思是道路。但哲学层面看，道家文化是中国古代思想文化的重要源流之一，积淀丰厚，道家哲学影响到整个中国古代哲学的发展。而从宗教层面看，道教在长期发展过程中，对我国古代的思想文化和社会文明都产生过深刻的影响，并形成了具有浓郁中华民族文化特色的本土宗教。

香在宗教中地位殊胜，佛经中也常有诸天用各种不可思议的妙香供养诸佛的描述。佛教认为香与圆满的智慧相通，并把香看作是修道的助缘。

《楞严经》中有一段讲述香严童子闻香悟道的文字，大意是说香严童子沐浴斋戒静坐一处，看见有些比丘在烧沉香，传到鼻子这儿就闻到一股浓烈上好的香气。他就开始观察这香气的来由。"应不从木来，因徒然有木，不能自烧，香气怎能远达；也不由空出，因空性常存，香气无常；也不是因为烟才生起，因为鼻子并不被烟熏着；也不是由火出来的，因为世间的火本来不能生出香气。香气忽聚忽散，来无所从，去无所住，当体空寂，由是香既不缘，鼻无所偶，根尘双泯。因而意识不起，进入无分别境界，顿悟无漏，了达香气之性，就是如来藏心，如来印可，赐名香严。由是相尽性现，我从香严，得阿罗汉。"香严童子便是由闻沉香香味而发明无漏，证得罗汉果位。

"燃我一生之忧伤，换你一丝之感悟"是我品闻沉香的凝思领会。瑞香科树木在遭遇自然伤害后，由于真菌侵入而产生一系列化学变化进行自愈，最终形成香脂凝结于内，这便是沉香的结香原理。这一过程少则几十年，多则几百年。我既感叹于沉香的美好香气得益于不断自愈而结的生命活力，又怜惜着沉香焚燃自身为人们带来的馥郁芬芳。

"道"无法被清楚地设想，也无法被知觉，它广大无边而难以测度。"道"又是内在的，人们各自对于滋养生命的"道"之力量解读不同，但无论是什么立场，都愿这本书能促使更多的人对中国香事一探究竟，以香为媒，体悟生命之道。

生不见魂，死不见形。香的生命形态也如人类生命体的生长轨迹一般，这便是我们需用尽一生去追寻的真谛。

沉香雕件

沉香雕件